U0140103

動物在「說話」

Why Animals Talk

The New Science of Animal Communication

by Arik Kershenbaum

艾列克．克申鮑姆…著　王惟芬…譯

林大利　農業部生物多樣性研究所副研究員…審訂

從狼的「方言」、取「名字」的海豚，到鸚鵡的語意理解……由演化適應到動物行為學，傾聽「話中有話」的動物，揭開物種溝通的奧祕

Copyright © Arik Kershenbaum 2024
First published as WHY ANIMALS TALK in 2024 by Viking, an imprint of Penguin General.
Penguin General is part of the Penguin Random House group of companies.
This edition is published by arrangement with Penguin Books Limited through Andrew Nurnberg Associates International Limited.
Complex Chinese edition © 2024 Faces Publications, a division of Cité Publishing Ltd.
All rights reserved.

科普漫遊　FQ1088

聽，動物在「說話」

從狼的「方言」、取「名字」的海豚，到鸚鵡的語意理解……由演化適應到動物行為學，傾聽「話中有話」的動物，揭開物種溝通的奧祕

Why Animals Talk: The New Science of Animal Communication

作　　者　艾列克．克申鮑姆（Arik Kershenbaum）
譯　　者　王惟芬
責任編輯　許舒涵
行　　銷　陳彩玉、林詩玟
業　　務　李再星、李振東、林佩瑜
封面設計　廖勁智

副總編輯　陳雨柔
編輯總監　劉麗真
事業群總經理　謝至平
發 行 人　何飛鵬
出　　版　臉譜出版
台北市南港區昆陽街16號4樓
電話：886-2-2500-0888　傳真：886-2-2500-1951
發　　行　英屬蓋曼群島商家庭傳媒股份有限公司城邦分公司
台北市南港區昆陽街16號8樓
客服專線：02-25007718；02-25007719
24小時傳真專線：02-25001990；02-25001991
服務時間：週一至週五上午09:30-12:00；下午13:30-17:00
劃撥帳號：19863813　戶名：書虫股份有限公司
讀者服務信箱：service@readingclub.com.tw
城邦網址：http://www.cite.com.tw
香港發行所　城邦（香港）出版集團有限公司
香港九龍土瓜灣土瓜灣道86號順聯工業大廈6樓A室
電話：852-25086231　傳真：852-25789337
電子信箱：hkcite@biznetvigator.com
新馬發行所　城邦（馬新）出版集團
Cite（M）Sdn. Bhd.（458372U）
41, Jalan Radin Anum, Bandar Baru Seri Petaling,
57000 Kuala Lumpur, Malaysia.
電話：＋6(03)-90563833　傳真：＋6(03)-90576622
電子信箱：services@cite.my

一版一刷　2024年12月

城邦讀書花園
www.cite.com.tw

ISBN　978-626-315-560-2（紙本書）
EISBN　978-626-315-557-2（EPUB）

版權所有．翻印必究

定價：NT$480
（本書如有缺頁、破損、倒裝，請寄回更換）

圖書館出版品預行編目資料

聽，動物在「說話」：從狼的「方言」、取「名字」的海豚，到鸚鵡的語意理解……由演化適應到動物行為學，傾聽「話中有話」的動物，揭開物種溝通的奧祕／艾列克．克申鮑姆(Arik Kershenbaum) 著；王惟芬譯. -- 一版. -- 臺北市：臉譜出版，城邦文化事業股份有限公司出版：英屬蓋曼群島商家庭傳媒股份有限公司城邦分公司發行, 2024.12
面；　公分. --（科普漫遊；FQ1088）
譯自：Why Animals Talk: The New Science of Animal Communication
ISBN 978-626-315-560-2（平裝）
1.CST: 動物行為　2.CST: 動物心理學
383.74　113013708

獻給我的狗達爾文・克申鮑姆（Darwin Kershenbaum），

牠十六歲時自然到達生命的終點，

在全家人的陪伴下，靜靜地走了。

願上帝賜給我們晚年的力量。

（אַל תַּשְׁלִיכֵנוּ לְעֵת זִקְנָה כִּכְלוֹת כֹּחֵנוּ אַל תַּעַזְבֵנוּ）

目次

引言　大家都在講話……但沒有半個字說出口

今天，我們就跟十萬年前的人類一樣，周圍依舊環繞著動物和牠們發出的各種聲音。白天有烏鴉的尖叫聲、狗的嚎叫聲（有時甚至是來自狼群），以及成群結隊的鳥類在高低應和重唱著。到了晚上，則是有蟋蟀的鳴叫、貓頭鷹的嘟囔和狐狸的喊叫。打從人類開始思考我們與自然界的關係以來，這些聲音就一直是困擾人類的古老謎團：這些動物都在說些什麼？牠們所說的會不會跟我們差不多？又或者我們是獨一無二的，而動物只是毫無意義地喋喋不休。人類真的是地球上唯一擁有語言的動物嗎？若真是如此，那又是什麼讓我們的語言獨樹一幟，從各種動物叫聲中脫穎而出？在我們充滿訊息、具有強大交流能力的語言，與成千上萬隻椋鳥發出那陣聽來莫名所以、卻極具震撼力的嘰喳聲之間，到底要如何區分差異？為什麼蜜蜂透過舞蹈傳達給蜂巢夥伴美食來源位置的肢體動作不算一種語言？而我們又如何確定，有人類行經樹下時，上頭那群喋喋不休的猴子所發出的憤怒咆哮並不是在講話——至少不是我們所講的那種話？

當我們聽到動物的聲音時，我們到底聽到了什麼？

古代人類的生活更接近自然，周圍充滿了各種生物的聲音，有些聲音微不足道，有些則足以致命。在交通噪音變成我們生活中沒完沒了的低鳴背景音之前，世界充滿了動物聲響，人類沈浸在昆蟲輕柔的嗡嗡聲，以及黎明時數百隻鳥兒的合唱聲中。難道所有這些尖叫、嚎叫、鳴唱都毫無意義嗎？早在史前時代，人類就想要搞懂自己所聽到這些動物聲音的意思。由於我們僅能用自己的語言當成解釋溝通交流的唯一標準，因此自然而然便假設這些動物也在說話。人會推想，在夜晚鳴唱的郊狼（coyote）與圍著營火唱歌的人群並沒有什麼不同；鳥兒似乎每天早上都會以鳴叫相互問好，就像我們醒來後會問候自己家人和鄰居一樣。當然，當你離幼獅太近時，獅子會發出充滿警告意味的吼叫，叫聲所傳達的訊息大概沒有什麼人會誤解。動物當然會說話！因此，我們遠古的祖先認為動物就跟我們一樣有靈性，同樣有欲望和野心，想當然爾，也就留下了許多故事和傳說。哪個文化裡沒有會說話的動物故事？在《聖經》中，巴蘭（Balaam）養的一頭母驢會開口斥責他虐待她。冰島神話中有松鼠拉塔托斯克（Ratatoskr）的故事，牠是眾神的信使，會在生命之樹上爬上爬下。在印度傳說中，名叫金達瑪（Kindama）的鹿在交配時遭到獵人射殺，於是開口詛咒那人。

然而，從充滿會說話的動物故事那個時代以來，發生了很多變化。現在的我們不會相信《伊索寓言》中蚱蜢和螞蟻為存糧過冬而起爭執的橋段，也對蚱蜢和螞蟻之間會有任何交流這件事存疑。但誰會不相信自家寵物會表達意見——狗或貓會告訴主人時候到了要餵食，或者何時該出門散步了？其實我們依舊對會說話的動物故事感興趣——從《獅子王》等經典迪士尼電影，到《瓦特希普高原》（*Watership Down*）（譯註：這是以一群野兔為主角的奇幻小說，由已故英國作家理察．亞當斯〔Richard Adams〕所著，也改編成動畫影集）和《我所知道的野生動物》（*Wild Animals I have Known*）（譯註：博物學家兼作家厄內斯特．湯普森．賽頓〔Ernest Thompson Seton〕所著，此作品為他的第一本短篇小說，以現實中野生動物為原型）等準現實主義小說，不一而足。我們對動物會說話的可能性十分著迷，有部分是因為我們想了解牠們到底在想什麼，也有部分是因為我們自身。我們是否有種強烈的需求，想要相信動物不僅僅是無意識的機器人，而是過著一種比我們更簡單，甚或更有吸引力的生活型態？

又或者，也許動物確實有話要說——只是我們還聽不懂。很多人都抱持這樣的想法，但我們要如何找到研判這種情況的檢驗工具？從過去一直到晚近，哲學和宗教、直覺和常識一直主導著我們對動物的理解。一方面，有些哲學家——例如兩百多年前的德國哲學家康德（Immanuel Kant）——就言之鑿鑿主張動物無法說出有意義的話，因為牠們缺乏理性。宗教領袖通常也同意這種觀點，因為這形同是賦予我們人類獨特的地位，支持了許多宗教敘事，即人類乃萬物之靈，位居所有造物頂端這個特殊位置的說法。但另一方面，我們都覺得動物可能有很多話要說——甚至可能相信牠們是在對我們說話。這兩種觀點都無法提供我們滿意的答案——這類問題根本不可能有一個簡單的答案，這不是簡單的是非題。動物的生活太過複雜、多元，而這樣的複雜性和多樣性不可能用概括的描述來完整交代情況。樹上的歐亞鴝所過的生活比叢林中的黑猩猩更簡單——牠們又怎麼會有類似的交流方式？海中的海豚所處的環境是我們難以想像的——拿牠們與人類較熟悉的動物進行過於簡化的比較，這種做法不太可能讓我們增加多少理解。若真要探究這個問題，需要一套更為嚴謹的方法。如果我們不想被自己的欲望所蒙蔽——不管是一廂情願相信動物正在跟我們說話；還是自認高人一等，天生就優於其他動物——那就必須去尋求客觀真理。也許動物會說話。也許不會。總之我們需要加以研究和調查。

很不幸，直到最近，科學的進展在這方面並未讓我們更深入理解多少。總體來說，科學家長久以來一直不願回答諸如「動物的聲音到底**代表**什麼？」這類問題。過去這四百多年來，在文藝復興哲學家笛卡爾（Rene Descartes）的帶領下，科學界普遍認為動物缺乏任何內在心理體驗，也沒有認知狀態或認知需求。按這樣的邏輯來推斷，牠們的腦子並不思考，那自然就沒什麼好談的。事實上，笛卡爾將非人類的動物描述為「自動機」（automata），即無意識的機器人。在文學中，這個觀點又經歷了一個奇特的轉折。捷克科幻小說作家卡雷爾・恰佩克（Karel Čapek）在他一九二〇年的反烏托邦戲劇《羅梭的萬能工人》（*Rossum's Universal Robots: R.U.R.*）中，首次創造出「機器人」（robot）一詞，該作品展現出忽視動物的意識會造成種種問題。恰佩克也寫了一部深刻的小說《與蠑螈的戰爭》（*The War with the Newts*），描述人類抱持動物只不過是部無意識的自動機的想法，最終導致人類自己的毀滅。

儘管一百五十年前問世的實驗心理學開始取得一些進展，但那個時代的科學家主要仍將研究焦點放在探索大腦運作的方式上，把腦子當成神祕的黑盒子來探究。透過觀察走迷宮的老鼠，那些身著白色實驗衣的心理學家問的問題是：「動物對刺激有何**反應**？」，而非「動物在**想**什麼？」科學家給實驗動物按不同的按鈕，有的會得到食物，有的會被電擊，藉以測量動物的學習速度有多快，或是有多慢。這樣一來，他們了解到動物是**可以**學習的，但對於牠們**為什麼**能夠學習，卻毫無頭緒。這在今日的我們眼中看來，似乎再明顯不過：對動物行為的科學研究應該是去查看動物在野外的行為——就像我們習慣在電視上收看的自然紀錄片那樣——而不是將牠們關在實驗室裡做實驗。不過當時所抱持的基本想法是，既然假定動物只是一種對刺激做出本能反應的自動機，那麼有關動物的一切應該能在實驗室內就弄清楚才對。藉由迷宮和簡易任務來操作一連串巧妙實驗，或者在動物大腦中精確放置電極來測量電氣活動——透過這些探索，應該就能揭露「動物是如何運作的」。這個道理就好比拆解汽車引擎後，我們便會得知關於內燃機的所有大小事。這種做法錯在哪裡？答案正是先入為主地認定動物與人類在根本上有所差別，而且牠們比人類還要簡單——換言之，認定動物必定只是「機器人」。古代文化樂於相信會開口詛咒人的驢子和松鼠信使，而過去四百年的現代歐洲哲學家則想要證明，除了按照上帝形象創造出的人類之外，整個宇宙都可以簡化為一套發條裝置機械性的指令。因此，「動物不會說話」的觀念一直隱含在西方文化中。

二十世紀的科學開始挑戰這些人類例外論（human exceptionalism）的落伍觀念。為什麼動物一定跟人類有很大的不同？我們不能只因為人類的行為表現與其他動物有明顯的差異，而且取得了較為複雜的科技成就，便直接假設人與萬物的基本組成就不同。人類跟生活在當今地球上所有其他動物一樣，也經歷時間完全相同的三十八億年演化——而且我們都是從同一個共同祖先演化而來的。將人類和動物並置於演化的脈絡中，催生出一門新的科學，一門讓人去到**野外**研究動物行為的科學——畢竟，沒有動物是在科學家設計的簡易迷宮中一邊按按鈕一邊發生演化的；既然如此，為什麼還要在如此不自然的環境中探究牠們的內在運作方式？為什麼不去牠們所真正適應的環境？在一九二〇和一九三〇年代，此新興領域的兩位先行者：諾貝爾獎得主尼科．廷伯根（Nico Tinbergen）和卡爾．馮．弗里施（Karl von Frisch）對蜜蜂覓食的方式著迷不已，最後馮．弗里施破解了蜜蜂舞蹈的「語言」。*在他們那個年代（大約是一百年前），「語言」（language）一詞還沒有明確的定義，因此沒有人對這種用法太過擔心，並不會太關切一隻蜜蜂向蜂巢其他成員傳達簡單訊息的舉動，是否複雜到足以與富有表現力的人類語言共享同樣的名稱。但沒關係——總之咒語已經打破了。「人類是唯一能相互溝通的生物」這個觀點似乎搖搖欲墜。也許動物真的會說話。重點是，這門稱為動物行為學（ethology）的新科學是在演化的脈絡下思考動物行為。這一點很重要，因為這門學科不僅是在描述動物的行為方式，也為行為學家的解釋提供了一套機制。儘管這時距離查爾斯．達爾文發表他那革命性的演化論已經有七十年了，但其影響力還在慢慢滲透到科學界：是的，動物可能長出大角，或是會大聲吼叫，但我們能解釋箇中原因嗎？天擇、演化能說明這些「為什麼」。聚焦在動物行為的演化機制上，會讓我們提出的任何關於動物會說話的結論都有論據基礎，而不再是一廂情願的信念，或出自某種浪漫情懷——動物之所以具有特定的行為方式，是因為這帶給牠們優勢，可以藉此生存得更好，繁殖得更多，或是更有效率地撫養後代。演化論的觀點幫助科學擺脫了幾個世紀以來的束縛，科學終於可以跳脫必須證明人類優越地位的哲學陷阱。

人類是萬物之靈，而且與其他動物有根本上的差異，這類宗教和哲學信念既強烈又普遍——不僅在古代，甚至今天也是如此。幾個世紀以來，激烈的反對聲浪從未消失；從笛卡爾和他那套主張動物缺乏靈魂的宗教理由，一直到史迪芬・平克（Steven Pinker）和丹尼爾・丹尼特（Daniel Dennett）等現代哲學家，他們都反對任何主張動物可能有曾被認為是人類獨有之特質的觀點。然而若「說話」會帶來優勢、能滿足動物的生存和繁殖需求，那就可以預期生命會演化出說話的能力。事情就是那麼簡單。演化法則容不下

＊廷伯根和馮弗里希都是堅定的反納粹分子，他們與納粹同路人康拉德・羅倫茲（Konrad Lorenz）共同得到諾貝爾獎。羅倫茲對野生動物行為的觀察富有同情心，與他在指導納粹種族滅絕政策中的角色不相稱。

任何教條，不論哲學家或宗教領袖的教條都一樣。一九二〇年代，馮・弗里施對蜜蜂交流的研究打開了這扇閘門：從那時起，世人就對動物溝通的方式和原因，乃至於內容都產生濃厚的興趣。各式各樣的書籍和期刊、研討會以及學位課程應運而生，動物溝通成了一個活躍且快速發展的科學研究領域。現在，我們能夠清楚解釋鳥鳴在吸引配偶方面的作用；猴子在不同的掠食者靠近時會發出哪些警告聲，而且我們還有看似永無止境的謎團要解開：為什麼座頭鯨會唱歌？大象用人耳聽不見的低沈隆隆聲在互相訴說著什麼？礁魷魚皮膚上那些有顏色的複雜漩渦狀圖案真的是用來溝通的嗎？

然而（說來諷刺），我們科學家在向大眾傳達自己的研究發現時，表現得卻很差。認許多人仍然認為「動物溝通」這件事是嘗試要與鯨魚或馬產生某種心電感應的聯繫。認清現實吧！我們都很想相信我們能與動物交談——就連我這樣研究動物溝通的科學家也不例外。我猜我的同行多少都夢想過與某些動物展開深入的對談。因此，儘管科學領域的進展令人著迷，但終究是差強人意，而這樣的情形也許並不令人意外，畢竟這與我們真心想達到的境地相去甚遠——我們希望只要按個鈕，就讓電腦為我們翻譯出動物的語言。要找到如何詮釋小狗肢體語言的書籍相對容易（當然，這也是非常重要的一環），但要找到能解釋動物**為什麼**說話，以及牠們真正需要傳遞什麼訊息的通俗解答，那就困難多了。我們這些科學家還沒有好好說明我們對動物所說的話理解多少。事實上，知道的事情已經很多了。

這就是我動筆寫這本書的目的。我自己在動物溝通的研究範圍包括狼、海豚、鸚鵡、長臂猿，還有一些其他物種。我想弄清楚牠們在說什麼、為什麼要這麼說，以及如何包裝並傳遞這些訊息給其他動物。我想不到還有什麼比這更令人感到興奮、有趣，而且坦白說，我也想不到其他更好玩的研究了。我的目的並不是「告訴」你動物在說什麼。我寫這本書的目的是要帶你走進動物溝通的世界。動物在說什麼？牠們會說一些不同的事——光是去認識這些就很有趣。不過對我來說，更有趣的是了解動物為什麼說話、如何說這些話，又是什麼驅使動物以牠們採用的方式來交流，以及這些溝通方式是如何展現出牠們的本質和牠們的發展歷程。如果我們能夠理解背後的來龍去脈，那就能更完整理解動物，而不僅僅是翻譯牠們的話。所以，本書與其他關於動物溝通的書截然不同。儘管如此，貫穿本書的是我們都曾在某個時刻思考過的一個深層問題。人類說話的方式和其他動物的溝通方式之間有什麼關聯？科學能否在這兩者間建立起連結？人類語言和動物語言（除了「語言」，我實在找不到更好的詞）之間，是否存在某些根本性的共同點？

投入這份研究工作的我運氣好得不行，因為工作中能去到野外，置身於動物原本生活的環境中，不論是在叢林、沙漠還是海裡——在遠離其他所有人類的地方遇到動物時，我就像闖入牠們家園的陌生外來者。這是了解動物何以會展現出牠們的行為唯一的方式。在本書中，我會試著向讀者描述一些動物的生活環境，因為若對動物的生活沒有半點概念，那就難以真正理解動物，充其量只是認識動物的剪影而已。一般來說，行為是基於某個目標而為之，不論是為了尋找食物、尋找伴侶、避免被吃掉……要理解行為，首先必須要明白動物的終極目標（即演化）。換言之，牠們需要做到哪些事才算成功，以及動物的行為——在本書中著重於溝通行為——又是如何幫助牠們在演化的路途上取得成功。

那麼，動物最初為什麼會開口說話？

在某次以海豚溝通為主題的大眾演講上，聽眾中有人問我：「海豚可能會有心電感應嗎？」回應這問題最糟的（儘管理論上是對的）答案是：「不會，當然沒有！心電感應這種事根本不存在。」——至於為什麼不存在，詳細的解釋請參閱我的前作《銀河系動物學家指南》（*The Zoologist's Guide to the Galaxy*，暫譯）。但我在從事科學教育時，目標並不是放在提供理論上正確但卻不恰當的答案。相較於向大眾傳達物理或數學等其他科學知識，在動物溝通領域，我們的目標較不是在傳達事實，而更側重澄清誤解。誤解很少是通盤搞錯的事，更多時候只要稍微改變描述某個概念的遣詞用字，就能給大家一個滿意的解釋。為什麼會有人認為海豚有心電感應的能力？為什麼會有人想到心電感應？從字面上看，心電感應（telepathy）是指遠距離的感情傳遞。這就是一種溝通！當你的狗用哀怨的眼睛和下垂的耳朵看著你時，你就明白是時候該出門散步了——絕對是一種溝通，只是屬於無聲的交流。這算是心電感應嗎？不，這恰恰展現了溝通的本質。改變問題、改變觀點既能達到提供資訊的目的，也是一種好用的教育技巧。

第一個要扭轉的迷思：動物是毛茸茸的（或長羽毛的）小型人類。如果真是如此，那麼不用說，我們可以直接視牠們的交流為一種類似我們的語言的東西——也許只是一種需要學習的不同語言，就像在學校學習拉丁文那樣。但事實並非如此。動物不是毛茸茸的人類。牠們在演化過程中所要應付的需求與我們截然不同，牠們要學著認識周邊環境、要了解周圍其他動物，還要向這些動物傳遞訊息。英文中有句問候語：「今天天氣變好了。」（Turned out nice today）——對於非英國讀者，這裡需要翻譯一下：說話的人是要表達目前沒下雨給人的驚喜之感。這在英國街上是很普通的用語，並沒有什麼特別。但事實上，這句特有的英國習語是在兩個陌生人間相當奇特的語言交流——其中並未傳遞任何有用的資訊，或也沒有能增強彼此生存優勢的訊息。正因如此，它反而透露出很多人類的特性，以及我們的溝通需求。人類演化至今，生活在複雜的社會裡，每天都會遇到陌生人，這可能會帶來很大的轉機，卻也可能暗藏大危機。在街上遇見某人可能會讓人展開一段愛情，也可能會遭到毫不留情的洗劫。「今天天氣變好了。」這類儀式化的問候可以展現出我們願遵守社會規範的意圖，有助於維持社會齒輪運轉順暢。然而，我們真的會期待看到兩隻兔子見到面時互相打招呼嗎？還是兩隻海豚？也許吧，但顯然還是要看牠們所身處的社會的性質，以及牠們潤滑社交互動的方式。這也就表示，若不了解動物的社會，就無法了解動物的溝通。當然，我們不能假設其他動物也會像人一樣，覺得有必要在彼此打照面時對顯而易見的氣象事實下無關痛癢的評論。如果我們真心想了解動物實際上說了什麼，幾乎可想而知：我們得要先了解這些動物個體如何相處、牠們的社會樣貌，以及牠們何以要說話。

首先，動物顯然會發出很多聲音，這表示牠們投入了大量的時間、精力來發聲。演化是非常著重節約的——站在長遠的角度來看，浪費能量的行為會失去生存優勢，因此這種行為很可能沒過幾個世代就會在族群中消失。我們的祖先就跟所有其他靈長類動物一樣，原本也是渾身長滿皮毛，但在大草原上追逐羚羊會讓身體發熱，因此皮膚上長滿毛變成一種負擔，最終人類就漸漸沒有那麼多毛了。如果發聲是種無用的活動，可想而知它也會慢慢消失在生命演化的過程中。但會發聲的動物幾乎無所不在，因此發出聲音似乎具有某種演化優勢。不僅如此，以聲音溝通似乎是許多動物主要的特色。不唱歌的歐亞鴝就不算是歐亞鴝。不會嚎叫的狼也稱不上是狼。動物發出的聲音與其生活方式和演化史之間有所關聯，這當中有某種特質讓這些聲音成為物種之所以存在的根本關鍵。不嚎叫的狼並非由於我們的文化假設狼「必須」嚎叫而就此成為「不合格」的狼；是因為不嚎叫的狼處於明顯的劣勢——無法在天寒地凍的北極找到狼群夥伴，此外牠也無法呼喚同伴為自己的狼寶寶帶來食物。一隻不唱歌的歐亞鴝會發現牠的領域更容易被其他雄性歐亞鴝占領，而這些雄性歐亞鴝毫無離開的理由，也不會想到這些資源已經有主人了。靠著在過去五十年左右才發展完備的演化論見解，我們得以進一步認識這些動物的內在生活。如果知道動物為什麼要說話，我們就能知道牠們在說什麼——也就是說，弄清楚這些聲響是否帶有任何意義。

採取一絲不苟的科學方法可能無法帶來我們想要的答案。也許我們最終會發現，自己永遠無法像小說中的杜立德（Dolittle）醫師那樣與動物交談；又或者，我們可能會發現我們**能夠**與動物交談，而且人類其實並沒有那麼特別。不過，最有可能的答案是介於兩者之間。科學家目前正亦步亦趨往這些解答靠近，認清動物的真實情況，而不再侷限於我們對動物的假設與期望。對任何真正對自然世界感興趣的人來說，這是很值得探究的事。觀看大自然的奇觀——花朵的顏色，或大草原上數百萬隻角馬群——就算不理解背後的原因，光目睹這樣的場面就相當震撼，這件事有它的魅力在。無數的孩子在動物園裡看到猴子的滑稽動作時，會高興得尖叫——我們光從觀察行為本身就能獲得樂趣，真的有必要去了解牠們為什麼會這樣做嗎？我認為有必要。物理學家理查·費曼（Richard Feynman）曾經評論過科學家對「奇觀」的看法，他將藝術家對世界主要採取的美學視角與科學家的機械論傾向比較了一番。他說：「世界上有各種有趣的問題，科學知識只是錦上添花而已，增加一些興奮之情、神祕感和敬畏心。科學只是增添這些而已，我看不出何以它會消滅這些感受。」[1]

我可以從美學角度欣賞自然世界，也許比大多數人更懂得欣賞，因為我很幸運能接觸、見識到更多的自然界，程度遠超過大多數人。當一群放眼看去望不到邊際的角馬蜂擁而至，大地在牠們的蹄下震動之際，我也會油然而生敬畏之心，不由自主顫抖著。但除了這份對自然之美的敬畏以外，我還想為奇觀再增添一層額外的驚奇感。我想知道為什麼會有這麼多的角馬聚集在一起。我認為，這些動物本身和牠們真實的樣態就足以產生強大的吸引力，並不需要訴諸「大猩猩在睡前會講故事」，或是「海豚會相互訴說創世神話」這類傳說。

就算最後發現我們永遠無法像日常與他人交談那樣與動物溝通，也永遠不會跟海豚進行真正的對話，但光是探索這些可能性，還是能藉此得知牠們為何會以這樣的方式生活。有關那些基於自身目的而說話、但並未發展出語言的物種，我們會更了解牠們「說話」這件事的真諦，而從中也會挖掘出身而為人的我們究竟是誰的許多線索。人類與其他動物有何不同？幾千年來這問題一直困擾著哲學家，也困擾著今天的我們。人類只是非常聰明的猿類嗎？還是我們是一種完全不同的存在？如果真是如此，人類具備什麼動物所沒有的特點？語言似乎是這個問題的答案。我們會講故事；我們有莎士比亞；還寫了《哈利波特》的羅琳；我們可以寫出電腦和太空船的製造指南。就很多方面來看，語言是人之所以為人，或至少讓我們成為一種非常特殊的動物的關鍵。但我們的溝通方式與其他動物的溝通方式之間的相同點，幾乎就和相異之處一樣多。看到猴子互相嘰嘰喳喳，或聽到鳥兒的二重唱時，當下我們所觀察到的，就是人類遠古祖先演化出任一種語言之前也曾擁有的一連串行為。在古代的某個時間點，也許是幾十萬年前，我們的祖先與其他物種在本質上並沒有什麼不同。在人類祖先身上，這些從早期祖先——可一路上溯到六百萬年前我們與黑猩猩的共同祖先——繼承而來的語言能力逐漸發展與適應。而這些語言能力與那個時代的猛瑪象和劍齒虎所使用的交流工具基本上大同小異。警告聲和求偶聲在動物中很常見，而這又會受到社會性群體錯綜複雜的結構所推動，我們的祖先以這些發聲工具為基礎，最後演化出第一套語言。這樣說來，也難怪即使在現代語言中，仍保有在今天的大象和獅子身上看得到的許多特徵。*也許我們之所以對動物所說的話如此著迷，原因就在這裡：牠們的聲音似乎含有一些人類話語中最根本的要素，哪怕我們並非時時刻刻都意識到這件事。那麼，提出人類語言與其他動物有多少共同點的問題，其實便相當於在問：身而為人的我們究竟是誰？我們在自然界居於什麼位置？在讀這本書時，我希望你會看到這些故事的弧線逐漸浮現；不僅在探討何以海豚或黑猩猩會有那般複雜的溝通系統時，會一再拉出這些故事軸線，而在探討人類和我們的祖先群時，也同樣會依循這樣的思路。我們的語言也許與其他動物存在著本質上的差異，但窮本溯源，其實都是基於相同的需求：在複雜的社會中，個體之間要告知彼此許多複雜的事情。

市面上已經有很多關於動物在說什麼的書，有的是教你如何與你的狗交談，或者如何讓你的馬平靜下來，有的還會以比較科學的角度來寫。通常，這類書籍會根據不同的立場而假設動物具有怎樣的特殊能力：有的主張牠們是理性的動物，能像我們一樣使用語言；另一種則主張牠們是出於本能的聒噪無意識機器。這些立場既不能代表多數動物，也不是很正確。兩者之所以都不正確，原因很簡單：動物各不相同。動物不斷演化，繼而占據特定的生態棲位（ecological niche），並努力生存、達成不同目標；有的是用尖牙捕捉獵物，有的靠毛皮在雪地裡保暖，也有的用聲音傳遞訊息。有些動物需要說很多，有些動物只需要說一點。如果認為所有動物都有相同的溝通需求，因此也有相同的溝通能力，那就大錯特錯了。像蝸牛和蚯蚓這類動物，彼此之間可能沒什麼好說的，而那純粹是因為牠們的生活不需要太多的交流。相較之下，確實有些物種（例如海豚和黑猩猩）具有令人印象深刻的溝通能力，甚至還能與人類交流。這種現象只能放在動物與其環境交互作用的背景下才能說得通，尤其是放在物種內部成員之間要有所互動的脈絡下。在回答動物如何說話以及在說什麼的問題之前，首先應該要問：為什麼動物需要說話。

＊儘管最著名的劍齒虎（*Smilodon*）與今日的獅子的親緣關係並不密切。

幾個例子

本書的每一章會著重於介紹在我們的故事中具有指標性或特別相關的動物。我不會把焦點放在科學上，而是聚焦在動物本身，偶爾才會談到一些科學。這樣會比較有趣好玩。我會試著引領你進入牠們的世界，因為只有在那裡，才能夠了解這些動物。我們對許多動物懷抱根深蒂固的刻板印象：狼很凶狠邪惡；海豚總是微笑友善；鸚鵡會不明究理有樣學樣——牠們都算得上世界上最聰明、發聲能力最佳的動物，但光有這些印象還不夠。只有置身野外展開近距離觀察，我們才能開始了解這些動物的腦中到底是怎麼回事。

我的第一章主角是狼，可以說是我接觸最多的物種。狼在我們的研究中是個關鍵物種，因為牠們與我們有許多共同點。狼很聰明，也善於使用聲音；不過最重要的是，狼是高度社會性動物，牠們會合作，而這種社交習性也帶給狼生存優勢。

在第二章，我們要來看看海豚。在許多人心中，這些動物可能比其他動物更聰明，深藏不露足以媲美人類的智力。每個人都喜歡海豚，但人類對海豚有很多誤解，還有些人過於熱情地將這種動物與人類相互類比。然而，在神祕面紗和被炒作出來的表面之下，確實掩蓋著這種動物突出的真面目。牠們聰明嗎？是的。有社交互動嗎？有。善於溝通嗎？非常拿手。牠們在向彼此傳遞什麼訊息？——又是為什麼呢？

到了第三章，歡迎鸚鵡上場。鸚鵡的說話能力總是讓人驚艷不已。牠們似乎會複誦我們的話。但那真的是在說話嗎？鸚鵡真的在**思考**嗎？我們是否能理解鳥兒的腦袋在想什麼？野生鸚鵡的生活史有什麼特別之處，為何會為促成牠們如此出人意表的能力？

接下來會談大多數人都不熟悉的物種：蹄兔。蹄兔的體型像兔子一樣小，全身毛茸茸的，是種很不尋常的生物。牠們會唱出長而複雜的歌曲，其中展現了動物交流一個重要的特徵：複雜的發聲有何作用？動物所唱的歌曲只是隨機組成的結果嗎？還是內含一些重要的結構？

第五章上場的是雙手擺盪在叢林間的長臂猿。長臂猿和人類一樣都是猿類，但與其他猿類（黑猩猩、大猩猩、紅毛猩猩等）不同的是，長臂猿的叫聲異常複雜且多樣。在我們的猿類近親中，這些在叢林裡優雅擺盪的長臂親戚發出的聲音，也許是最接近人類語言的叫聲。查爾斯・達爾文當然就是這樣想。如果長臂猿反映了我們尚未演化成人類的祖先一千五百萬年前可能的生活環境，那麼就可以觀察牠們的互動，藉此粗略推測我們祖先最開始使用複雜聲音交流的方式與來由。

不過，得要藉由觀察黑猩猩——我們會在第六章見到牠們——我們才能最貼近、了解自己身為人類的本質。在動物園裡，看到黑猩猩時，心中會油然生起一種不可思議的相似感：我們眼前所見是自己這個物種根源的一個分支。這些動物對彼此表達的想法比其他物種都來得多，想法也更像人類。牠們的叫聲不僅是在表明身分與欲求，還會傳遞友誼、關心和不滿等情感。即使沒有語言，黑猩猩的生活環境也十分接近功能齊全的社會，這一眼就能輕易看出。但牠們會是我們這場探尋人與其他物種的溝通方式有何共同點的最終站嗎？

最後我們會問，人類在百獸園中到底居於什麼位置？人類演化的時間並不比其他任何物種更長——今日的現生生物，不論是哪一種都可以往前回溯與人類相同的數十億年演化歷程。我們在地球上的生存能力並沒有比較好（事實上，按目前情況來看，我們可能正走向自我毀滅之路，並引發一場大滅絕），但我們確實擁有一套其他動物沒有的本事。我們有語言。我們所說的話語、我們說話的方式，其中有多少能透過本書探討的蹄兔、鸚鵡和長臂猿來解釋？人類有詩歌、音樂、科技和書籍。但我們所擁有的一切——甚至包含其他物種所欠缺之事物——都得自天擇的過程中一代又一代人類的祖先。就連我們獨特的語言能力，終究都要歸功於自然界隨處可見的複雜溝通。

聲音，而非眼見或嗅聞

在談動物間的溝通交流時，我好像僅聚焦於聲音的溝通，也許你對此會感到驚訝。畢竟動物會以多種不同方式溝通，好比說視覺——如鳥類的彩色羽毛；氣味——如雌蛾釋放的費洛蒙，即使再微量也能吸引到雄蛾，又或是貓的尿液氣味可能讓來到你家庭院的訪客也聞得到；土壤中的微小振動——非常適合鼴鼠的地下社會；舞蹈和姿勢——就像蜜蜂藉由搖擺舞告知同伴最棒的花朵在什麼方向；甚至還有電場——以叢林裡漆黑河流為棲地的某些魚類會利用電場互相傳達性別、階級地位，甚至個體身分的訊息。上述任一種溝通管道分別都可以寫成一本書。要詳盡描述動物溝通的各種方式根本是不可能的任務，就像我們不可能寫一本書來涵蓋動物吃下肚的所有東西。在某些動物中，例如黑猩猩，視覺交流似乎比牠們發出的聲音更重要，但基於下列幾個原因，本書幾乎完全聚焦在聲音上。一方面是因為聲音有特殊的重要地位。在動物藉以溝通的所有不同媒介中，只有聲音具有這四個關鍵特性：可以傳播很長的距離；傳播的速度很快；可以包含大量訊息；而且最重要的是，聲音可以繞過物體傳播。即使躲在樹後面，你仍然聽得到想吃掉你的老虎吼聲。基於這些原因——當然可能還有其他因素——聲音可謂地球上最重要的溝通媒介。但我對聲音交流的關注並不僅出於我們四周所能發現的動物聲音那驚人的多樣性：從鳥叫到蟬鳴，再到鯨魚歌唱，所在多有。大自然的聲音確實令人讚嘆，但聲音在我們的故事中之所以如此重要，還有另一個原因：人類所知唯一真正的語言——我們的語言——主要就是靠聲音來交流的語言。先不論我們還會搭配上微妙的姿勢：表達諷刺時的抬眉、困惑時的歪頭，或是可憐巴巴地睜大眼睛。下面這些問題，我希望讀者能謹記在心：自然界能聽到的那些聲音與我們自己的聲音到底有多麼不同？或多麼相似？讓人類語言與其他動物溝通方式有所區別的，究竟是種類上的差異？還是程度上的不同？

在腦海中想像聲音

就算你對動物的認識不是很多也可以閱讀本書。我們多數人都曾試過要理解寵物所說的話，或是在庭院餵食器上觀看過鳥類，再不然至少看過自然紀錄片。閱讀本書的唯一條件，就是對動物之間會交流多少話語這件事保持開放的心態。若一開始就抱著動物「必定」有像我們一樣的語言，或者動物「顯然」不會說出任何有意義的事情等心態，這些都毫無幫助。我們不妨依隨科學界的發現及證據，去探索一下這個聲音世界。

若在閱讀本書時能真正聽到我所描述的動物聲音，那就太棒了。所幸，在某種程度上，這件事幾乎可以說辦得到。科學家會使用一種稱為頻譜圖（spectrogram）的技術來研究動物發出的聲音。頻譜圖可以將聲音視覺化，讓我們看見聲音，也更容易理解聲音中的不同元素。頻譜圖會按照時間長短和音調來劃分聲音，藉此讓人想像聲音聽起來如何——僅僅透過圖片，無需實際聽到聲響。人類很擅長視覺分類；事實上，我們對影像的理解比對聲音來得好，因此將複雜的聲音轉換為視覺圖像有其意義。稍加練習後，只要看頻譜圖就可以想像出聲音本身。在書中我會使用頻譜圖來說明動物發出的聲音類型，以及這些聲音在一段時間內的變化。但我不會用自己發表在學術期刊上的研究文章中那種頻譜圖，而會加以簡化，降低頻譜圖的複雜性，只凸顯其中最重要的特徵。

要理解頻譜圖很容易——在概念上與印刷的樂譜非常相似。時間的行進是從左到右，音調的高低是從底部（低音）到頂部（高音）。就以蓋希文的《藍色狂想曲》那段著名開場為例，它對應的頻譜圖可能和你所熟悉的五線譜不大相似。但如果「卡通化」頻譜圖，提取出重要特徵，那麼可能就比較易於理解。

這樣一來音樂的流動會變得清晰；那指標性的單簧管滑音後緊接著看似獨立且不同的音符——即使在頻譜圖上也很明顯。要在一本書中圖像化音樂和動物的聲音，我找不到比這更好的方法。在接下來的章節中，我會大量使用這類卡通版頻譜圖。

為了確保你掌握到這一點，下面有個小測試。你認得出下面的頻譜圖嗎？線索如

《藍色狂想曲》的樂譜

以完整的頻譜圖表示

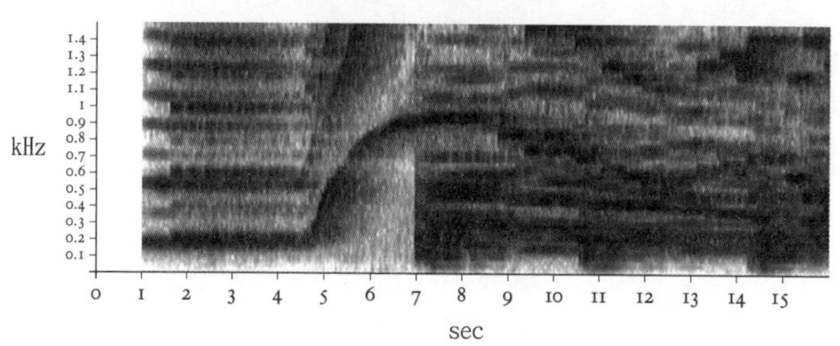

以卡通化的頻譜圖表示

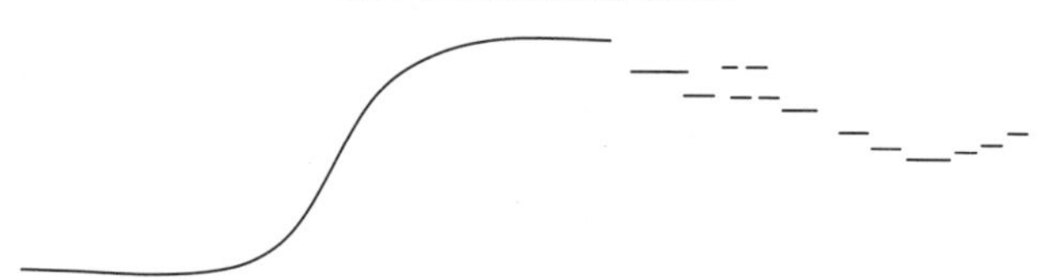

〈天生狂野〉的副歌以頻譜圖表示

下：這是電影《逍遙騎士》（*Easy Rider*）中一首一九六八年的經典歌曲的副歌。

是的，我選了荒原狼合唱團（Steppenwolf）的〈天生狂野〉（Born to be Wild）來說明頻譜圖，這可不是隨便亂挑的。這段類似嚎叫的副歌非常適合用來說明狼嚎、海豚音和鸚鵡哨音的表現形式，還有蹄兔的哀號聲和長臂猿的歌聲。

人與動物之間

閱讀至此，相信你已明白在不同物種之間，存在著共同的軸線。無論是狼與狼之間的家族訊息、鸚鵡間的鄰里糾紛、蹄兔歌聲的複雜性、海豚之間的長期關係；也不論是在水下或空中，動物都有類似的溝通需求：牠們要在群體中有一席之地，並獲得群體的支持。每個物種都各自發展出滿足這些需求的方式。沒有溝通，社交就會陷入停滯。沒有社交，就無法形成狼群，也不會有黑猩猩部隊，當然更不會有人類的城市。

說真的，那我們人類又是怎麼一回事？在本質上人到底與其他動物有多少不同？我們保留了多少祖先交流方面的需求？確實，我們的社會更加複雜，我們的語言也更加複雜。一言以蔽之，人類的特殊之處就是我們可以傳達的概念數量不受限制。這裡應該要特別指出，這個特性其實非常奇怪，因為我們的腦容量相當有限（而且確實滿小的），儘管如此，它很管用。本書與其他已出版的一億三千多萬本書的每一本都不同。*沒有任何一種動物可以達到這樣的成就。即使某些物種——也許是海豚、鸚鵡或黑猩猩——具有這樣的神經潛力，能夠在野外建構出無數不同的訊息，但無論出於何種原因，牠們都未曾這樣做。在此沒有絲毫要視人類為上帝創造的萬物之靈的意圖，但我們還是可以說，語言**就是**無限（或至少非常、非常大）的溝通潛力。然而，這個定義也稱不上令人滿意。人是如何獲得這種無限的能力——它從哪裡來？需要將哪幾塊拼圖湊在一起，才能讓人類變得如此特別？不同的動物又各自擁有多少這樣的拼圖碎片——牠們有可能只是擁有這種潛力卻沒有善加利用，未將其發揮到極致嗎？找出這些潛在的共通性也能幫助我們與地球上的其他物種進行交流。這確實是本書要引導讀者理解的方向。人類演化出這麼一種獨特的能力，但這是建立在一系列與其他物種共享的基礎上。有些物種擁有的較多，有些比較少。即使是那些擁有（或幾乎擁有）全部基礎要素的物種，牠們結合這些要素的方式也不像我們祖先開始說出「人類語」當時的情形。動物會說「動物話」，這不是一種語言，但理解它仍然很迷人有趣，而這也是認識人之所以為人的基礎。

最後，我希望每個讀者都能看到將我們與地球上其他物種串接起來的共同軸線。沒有錯，很少讀者會在野外遇到海豚或長臂猿，但是當你與餵食器旁的藍山雀或夜間過馬路的狐狸對望一眼時，了解這些生物的想法有助於大家認識周遭的世界。我並不是要否認「我們可以與動物交談嗎？」這個問題，恰恰相反，我希望以一種能真正回答此問題的角度來看待它，而非流於迴避或過度幻想。害怕時，我們會放聲尖叫，鹿也是如此，這樣說來人與鹿之間又怎麼沒有很多共同點呢？與此同時，我們也已演化到可以做出一件特別的事：互相交談。我們也能和動物說話嗎？一起來看看。

*這個數字是根據 Google Books二〇一〇年的搜尋結果。

第一章　狼

現在非常冷。即使在無風的茂密樹林中，空氣也凍得人刺痛。起初，這片強烈的寂靜感會讓你覺得，別說是在這片森林了，可能在這世上自己都是唯一的生物。不過，雪中傳來嚙齒動物發出的微弱沙沙聲會提醒你，周圍還有其他生命，只是牠們對你的存在漠不關心。也許那裡還有其他生物。更大的生物。沒多久，開始響起一陣低沈如風的呼嘯聲；在音高再次下降前，又以緩慢而悲傷的調子升起。然後，另一隻也加入了，這個聲音很明顯，任誰聽到都會不寒而慄。在外人聽起來，這些聲音不過是在空蕩蕩的世界裡的呼喚，但這片空曠之地正是牠們的家園。沒有什麼聲音會比狼的嚎叫更能讓人想起荒野。牠們在嚎叫聲中訴說著什麼？牠們真的跟自己發出的聲音聽起來一樣孤獨嗎？或一樣有威脅性？我想了解這些生物，認識牠們的特色，弄清楚牠們在說什麼，以及為

什麼會這樣叫。牠們與我們相當不同，卻又頗為相似。在所有野生動物中，狼是與人關係最密切的動物。為什麼這樣說？因為我們把牠們的親戚帶進了人類的家園，成為我們的毛小孩，並按照我們的生活方式來塑造牠們。若在一開始人與狼之間沒有那麼多相似點，這是絕不可能發生的。了解狼就是了解我們自己。那麼，要從哪裡開始談起呢？

人類對狼的嚎叫會產生本能反應。這種聲音比其他任何動物的聲音更能喚起我們在精神上與自然有所連結的感覺。另外還有危險的感覺。就我個人來說，我發現狼嚎會讓我感到平靜美好。狼是一種在惡劣環境中生活得自在無礙的生物。牠們的生存不仰賴溫暖的房子或先進的科技。牠們可以在森林中漫步，就像我們在鄰里閒逛一樣，不會擔心自己離家太遠。狼需要什麼樣的身體和心智特徵才能在這樣的地方生存？把一個人放在同一片樹林裡，會覺得那裡很可怕；易地而處，若是把一隻狼丟到倫敦郊區，牠無疑也會感到驚嚇與失落。森林是荒涼無人煙的地方，但當你的四周有家人環繞時，那就成了熟悉且舒服的處所。動物一點一點逐步演化，能夠利用其他動物走避遠離的資源，可能是進入冰凍的荒原，或是下潛到海洋的最深處。在這樣的森林中也是有食物，只不過要組成團隊才能獵捕到並生存下來，因此必須依靠朋友和家人，否則就會喪命。狼之所以互相嚎叫，不是為了威脅或恐嚇，而是隨性的交流，就像我們傳訊息給朋友，想要知道他們在做什麼，或是要去哪裡。是要出去找東西吃？還是出去玩耍？這種動物一天之內可以看似隨心所欲翻越數十公里的山巒、穿過森林，而只要牠們能嚎叫，就不會與朋友、親人斷了聯繫。嚎叫聲就像狼的尖牙或皮毛一樣，是狼的一大特徵。這是牠們生命運作的齒輪上一個重要的配件，與牠們的環境齒輪完美嚙合。沒有皮毛，就無法在雪地裡行走。如果不會嚎叫，就無法在森林中生存。

狼是我們進入動物溝通世界很好的起點。我們對狼有一定的熟悉感，足以引起共鳴，同時牠們又非常奇特，足以顯示出動物與人類有多大的差異。狼的高度社交性是牠們得以演化出複雜溝通方式的關鍵特徵。群體生活在牠們所處的環境中是唯一的生存途徑，但群體生活不是沒有缺點。不論是在社會環境還是物理環境，牠們都得要相互協商，而這便是透過複雜的溝通達成的。所有的狼嚎在你耳中聽起來都一樣嗎？它們其實變化多端，幾乎可能有無限多種變化，而且這種變化得以穩定無礙傳到好幾公里以外。查考牠們的嚎叫聲，我們可以研究當中包含多少意義，並探討狼如何演化出如此複雜的嚎叫，藉此將意義含納其中。若我們真的能掌握這些事，那就有辦法利用這些資訊嗎？我們可以詮釋出這些屬於牠們私密領域的溝通，並予以回覆嗎？

狼是何方神聖？

狼是一種很難研究的野生動物。你可能會認為，目前人類科學知識的前沿領域是最遙遠的星系，或是原子的中心，再不然就是海洋深處。並非如此。我們對地球上最熟悉的其中一種動物的許多行為所知無幾。狼是一種異常謹慎的生物，牠們對人類避之唯恐不及，與恐怖電影灌輸給我們的印象截然不同。經常有人問我：「你人在野外時，不怕被狼攻擊嗎？」嗯，不怕；我比較擔心會在結冰的山路上滑倒（事實上，我對狼的恐懼遠不如害怕這些路）。儘管狼長有鋒利的尖牙和爪子，也有攻擊麋鹿的殺傷力，甚至能夠獵殺巨大的野牛，但狼總是心存警惕。這沒什麼好奇怪的。一如大多數位於食物鏈頂層的掠食者，牠們生活在生存與飢餓之間的邊緣。生命的存續取決於狩獵的成敗，何況每一次狩獵最終還可能——而且經常如此——造成嚴重的傷害，幾乎和獵物所受的致命傷差不多。在一決生死的戰鬥中，野牛會使勁猛踢牠的蹄子，也會用鋒利的角猛力一頂，這些都可能在狼身上造成致命傷。對狼來說，謹慎行動非常重要。人類對牠們來說很陌生、難以預測，最好是避開為佳。由於狼可以在崎嶇地形和厚厚的積雪上以驚人的效率移動，若牠們不想靠近你，基本上你也不可能離牠們有多近。再加上牠們大多是在晚上或黃昏時活動，可想而知，我們對牠們的生活一定還有很多不了解的地方。

狼在許多人的心中占有特殊的地位。我們都曾在電視紀錄片或動物園裡看過狼，有些人甚至可能曾在野外瞥見牠們的身影，或親耳聽到令人難忘的狼嚎。但即使是像我這樣的動物學家，也沒有十分理想的管道來了解狼的生活。也許可以說，目前關於狼最可靠、最詳細的資訊出自一份長期的科學研究：針對美國黃石國家公園野生狼群所進行的調查，從中我們可以推知狼的真實樣貌。當地科學家和志工每天都會跟著狼群，觀察牠們、識別狼群中的個體，並追蹤牠們的移動軌跡以及狼群發展的興衰。這項長期計畫已執行了數年，甚至數十年之久。十九世紀末偉大的博物學家暨動物作家厄內斯特・湯普森・賽頓曾說過：

> 我們當中有多少人真正認識哪隻野生動物？我不是說僅僅見到一、兩次，或是養一隻動物在籠子裡，而是在野生環境中觀察野生動物一段時間，了解牠的生活史。問題通常在於要如何識別個體——從動物的一群同伴中區分出某一隻個體。一隻狐狸或烏鴉與另一隻同類非常相似，因此再度相遇時，我們無法確定那是否就是之前看到的動物個體。[1]

這話說得極有道理。想想庭院裡鳴叫的鳥兒或松鼠，你真的有辦法區分出不同個體嗎？在無法一一辨別的情況下，我們最多只能掌握一個物種所有成員的概略印象，那是泛泛而論且模糊的知識。因此身為研究動物行為的科學家，一大關鍵任務就是找到並辨識出個體、區分牠們各自的行為。認識動物，就是去發掘在野外觀察到的動物個體的故事，要能分辨牠與兄弟姐妹的差別，還有同一物種中的「外人」——在我們眼中看來可能都一樣，但在動物眼中可能視之為致命的敵人。

自一九九五年在黃石公園重新引入狼群以來，有一個團隊一直在進行研究調查。他們長時間待在寒冷的環境中，透過望遠鏡觀察這些動物，而狼群幾乎可以說無所事事。狼群會放鬆、玩耍，或者可能從雪中找出一些樹枝。牠們有時打獵，有時打架，有時交配。但大多時候狼就只是待在一起消磨時光、

在黃石國家公園觀察狼。我和同事長時間站在雪地裡，只能透過望遠鏡從遠處觀察這些動物。

做自己。透過這些互動——當動物沒有在做什麼特別的事，只是做自己的時候——我們可以看出有哪些不同個體，從中了解野生動物的真正樣貌。[2]我們很容易將狼想像成只是會一起行動的獵人。但實際上牠們相聚時，也會一起玩耍、睡覺、休息，當然還有歌唱。

與許多社會性動物一樣，狼群大多是大家庭，孩子會與父母生活在一起，有時會持續數年，有時也會提早離開去獨自闖蕩，試試自己的身手與運氣。家庭關係是推動合作行為的強大力量——動物已經演化到能夠支持和幫助牠們的親屬，因為這也符合牠們自身的利益，能確保基因透過旁系或直系的後代傳遞下去，讓自己的基因留存在未來世代的個體身上。在動物界，由家族形成的社會性群體非常普遍，從狐獴到甲蟲都是這類例子。當然，還有人類。我們希望孩子能夠學習、享受童年、健康成長，最後功成名就。更不用說我們希望自己年老時他們能供養我們——這種情況偶爾也會在其他動物群體中發現，尤其是狼群，當其他成員出外狩獵時，年老或體弱的狼會接過照顧幼狼的任務，最後大家再一起分享獵物。狼很特殊，因為狼要生存就**只能**過群體生活，而且群體愈大愈好。

當獵物（麋鹿、野牛）的體型比自身大很多時，動物是無法獨自捕獵的。狼的強項是長時間追逐，牠們派出多個獵手來消耗那隻不幸被盯上的馴鹿體力，直到牠失去行動能力；再不然就直接祭出以量取勝的策略，讓大批狼群同時進攻、將牠拿下。然而，事實證明，對狼來說大型狩獵隊伍並不會增加多少狩獵成功的機會。四匹狼似乎是最適合的數量，足以捕捉到最多的獵物，儘管若遇上耐力非凡的獵物時，有機會要展開超長距離的追逐，這種時候中途若有新的替補者上場，可能會有所幫助。然而，狼群在狩獵時經常會超過四隻。那是因為狼之所以成群結隊，並不只為了要狩獵。狼群是複雜的社會實體，會給每個成員帶來益處；一離開團隊，每個個體的生活都會變得更加困難。

就以一件事來說，要是獵到某一頭馴鹿，專吃腐肉的動物會伺機而動、撲向屍體，希望能分得一杯羹。郊狼、烏鴉，甚至連熊都會想坐享其成。要擊倒獵物可能不需要規模那麼大的狼群，但若要阻止其他動物前來分食，狼群的存在就有必要。當然，還有其他狼群也會來搶地盤和獵物。若是與鄰近的狼群不斷發生衝突，那麼確實數量就是力量。狼群的大小、成員的年齡和經驗會決定一個狼群的力量，也會影響到當中個體的生存和繁殖機會。這在狼群之間出現紛爭時尤其明顯；一旦開戰，往往要冒著付出高昂代價的風險，因此敵對群體會仔細評估可能的後果（勝利或失敗，或平手）。最後一點，由於狼群基本上是一個大家族，身為長輩，不論是阿姨、姑姑、叔叔、舅舅都有責任幫忙保護晚輩、為牠們提供食物。如果你開始覺得狼群跟人類的社會組織頗為相似，這是很正確的反應。[3]

儘管形成一個大群體可以享受許多獨有的好處，但顯然爭吵、競爭和利益衝突也有機會發生。生活在一起的動物愈多——特別是生活在一起的**非血親**（unrelated）動物愈多——群體內部出現衝突的可能性就愈大。那要怎麼辦？狼無法在小群體中生存，也無法在巨型群體中生存。就跟人類社會一樣，狼必須協商社會關係，有時是透過懇求，有時是哄騙，有時是威脅。合作需要有效的溝通——不僅要溝通當前任務的細節，更重要的是要傳遞合作的意願：這是互相表達友善的活動，而不是展露攻擊性。我們憑直覺就可以理解這個概念，因為人類也有同樣的需求，要向他人表明我們有意願提供協助，以及我們想**如何**互相幫助。另一方面，在傳達不友善的意圖時，有效的溝通也同樣重要——（對雙方而言）透過共同協議來解決衝突，絕對比訴諸暴力來得好。稍微比劃一下，總是比卯足全力打架來得好。可以說這種「砲艦外交」有其好處：規模更大、實力更強的狼群會讓實力較弱的狼群在發動攻擊前三思而後行。有效的社交溝通有助於維繫群體的和平互助，在與陌生動物互動時也會帶來優勢。離開家族自行闖蕩的青春期小狼需要尋找伴侶，若是沒有其他選擇，也許會加入另一個小狼群。出外自立門戶的狼愈是善於社交，就愈有成功的機會。溝通能將複雜的社會凝聚在一起，這對洛磯山脈的狼群是如此，對生活在紐約的人類亦然。一個動物社會愈複雜、愈危機重重，就愈是需要一套複雜的溝通機制，確保大家的爪子不會隨便亮出來。

要深入研究狼的溝通交流——還有牠們的社會環境，以及我們人類自己的社會環境——就必須提出一些目前尚不清楚答案的問題。要了解狼為什麼會這樣嚎叫，首先要先弄清楚狼為什麼要叫。因此，我們需要先理解什麼是狼嚎。

群內溝通

就如同任一種動物——特別是社會性動物——狼也會動用多種技能來進行交流。牠們會透過聲音、視覺和嗅覺來發送訊息，其含義會有細微變化（人類可能無法察覺），不過整體目標都是為了提高生存和繁殖的適應能力。我們以「肢體語言」來粗略一概而論，但這與更加明顯的溝通形式會有一些重疊。幼狼會用乞討的姿勢，搭配可愛但聽起來有點可憐的哀鳴來傳達需要（或渴望）被餵食的訊息。成熟的個體主要也是透過姿勢來表達牠們想要交配——或不想交配——的願望，倘若母狼心情不佳，她會毫不猶豫以憤怒的咆哮來拒絕公狼。狼群是忙碌而複雜的單位，由許多彼此互動的個體所組成，其中的成員全都在爭取被理解的機會。當個體靠近彼此時，狼會發出各式各樣的聲音：吵鬧的咆哮和吠叫，聽起來更像是狗；另外就是牠們最具指標性的嚎叫聲的變化版——通常較短、較柔和，有些科學家會用「哀號」、「嗚咽」和「尖叫」等詞語來描述這類聲音。和牠們距離近一些時，可以輕易區分出不同聲音之間的細微差別。這些聲音自有用處——任一個養過狗的人都可以作證：憤怒的咆哮聲聽起來與狗兒玩撿棍子遊戲發出的聲音截然不同。

通常，身為人類的我們也可以憑本能理解這些聲音的某些意義。咆哮的確**聽起來**就是憤怒，哀鳴則像是在懇求。但這會不會只是源於我們過度活躍的想像力？不完全是。首先，天擇會讓我們的祖先理解咆哮的狼在生氣，這有它的道理：能夠察覺自己的掠食者心情不好可是一大生存優勢。另一方面，有些特定的意思具有某些共同的聲學特徵，即使是不同的物種也很容易理解。有些聲音嚴格來說要稱為「噪音」——不是因為音量很大，而是因為它們主要是由噪音（如白噪音）所構成，其中沒有包含純音調。要區分「吵雜」的聲音和「音調」的聲音相當容易：咆哮和吠叫是吵雜的，而嚎叫則有音調。許多物種（不僅僅狼和人類，還有鹿和羊）通常都會將吵雜的聲音解讀為攻擊和恐懼。有聲調的聲音，例如嗚聲，則被詮釋為較友善的訊息。這聽起來可能有點不可思議，但背後是以演化為基礎的。當你在為歌唱表演練習時，需要非常小心控制發聲。但是在看電影時，要是看到小丑出其不意抓住一個孩子，將他拉進下水道，你會放聲尖叫。氣體突然釋出是不自覺、不受控的；正是因為缺乏控制，才會發出「吵雜」的聲音，而不是有音調的歌聲。不論是人類、狼還是羊，在恐懼時發出噪音都是自然而然的本能反應。

許多人會在家裡養狗，和牠們建立起密切的關係，這讓人有機會對狼群的溝通方式有更深入的認識。許多年前，在（非常值得一遊的）加州盧塞恩（Lucerne）狼山救援中心（Wolf Mountain），我站在一隻巨大的苔原狼伊斯塔斯．佩吉塔（Istas Pejuta）——美國本土拉科塔語，意思是「藥眼」——距離不到一公尺處。牠花了很長的時間打量我，期間我可以看出牠肢體語言的變化：從不確定到放鬆，最後是接受。後來牠向我伸出吻部，我們互碰了鼻子。這個經驗很特別。這是跨物種間社交的驚人例子。伊斯塔斯應該要接近我嗎？還是該逃跑？或是發動攻擊？這件事說明了我們之間默默交換訊息的重要性。即使是身為人類的我也知道，在牠沒準備好前不要強迫牠和我進行任何社交互動。我們在觀察狗以及（如果有幸觀察到）狼的時候，確實很容易發現這些線索。對同一群體的成員來說，密切注意每一條交流線索並了解夥伴的意圖非常重要。

嚎叫是什麼？

狼所發出的這些短距離聲音訊號複雜且重要，不過嚎叫似乎與這些聲音有點不同。一方面是狼嚎的音量很大，顯然是為了讓身在遠處的狼也能聽到。光是這一點就很關鍵了，因為發出嚎叫的狼和聽到嚎叫的狼可能看不到彼此。這種嚎叫互動與兩隻狼相互傳話時所發出的咆哮和哀鳴非常不同。嚎叫大多不是針對特定對象。你在動物園裡看到狼嚎時，會發現牠們有驚人的轉變，與正常的互動形成鮮明對比。突然有一隻狼不再關注其他同伴，轉過頭「兀自」嚎叫起來。第二隻狼眼見有一隻同伴停止與大夥互動，開始在旁邊嚎叫，牠也會停下來開始嚎叫。嚎叫還有一個獨特的特性，那就是這些聲音都很簡單；它們是有音調的，當中包含一個聲音、一個音符，即使這音符會有音調的高低變化。而這正是狼嚎的關鍵。牠們將所有的能量集中在一個音符上，這表示狼靠著演化發展出這種用於遠距離交流的叫聲。就類似雷射光聚集成細如鉛筆的光束，嚎叫將能量聚集在一個頻率上，傳送到幾公里之外。與短距離叫聲中的呻吟、吠叫和咆哮不同，嚎叫適合長距離傳播，還能保有音量和清晰度。

人類的言語比較像是狼的短距離叫聲。我們說起話也比較吵雜，不像笛子那樣是發出單純的聲音，或也不像鋼琴可以做出純音的組合。儘管我們說話確實會發出音調（大多是元母音，如「eeee」），我們會將這些與嘶嘶聲、嗡嗡聲、彈舌聲，以及由舌、鼻、嘴唇組成的複雜系統發出的其他聲音結合起來。我們的話語非常豐富多樣，但其中的變化卻很細微。我們能發出很多不同的聲音，而且也能透過一個人的聲音輕鬆辨識出身分。區分自己的母親和老闆的方法恰恰是靠這些細微的差異，但是距離一拉長，這些線索——無論是關於語意的線索還是關於個人身分的——會有很大一部分消失。你也許能聽到朋友在山谷對面向你大喊大叫，但你聽不懂他們說的話，也認不出他們是誰。相較之下，如果你使用音調聲音，例如源自瑞士阿爾卑斯山區的約德爾式唱腔（Yodeling），那就可以讓人輕易辨識出你發出的訊息。約德爾式唱腔的純音調具有簡單性和能量集中的特色，因此可以長距離傳送，而且不失真。你不見得真的能辨識出不同約德爾歌手分別是誰，但不重要：重要的是音高起伏。這正是狼嚎背後的原理。狼捨棄了能表達豐富訊息的咆哮聲，而選擇發出清晰的訊息，雖然細緻微妙，但只能包含有限的訊息：也許是「我在這裡」，又或是「來幫助我」。嚎叫聲的傳播範圍可達十公里以上——就一隻動物所能發出的聲音來說，這是一段很長的距離。咆哮聲和哀號聲在幾十公尺之外就聽不到了。在資訊內容（你能說多少話）和遠程保真度（可靠地傳出訊息）之間存在權衡關係，狼比較偏好牠們的嚎叫被聽到，即使這會讓牠們能說的事很有限。

儘管嚎叫包含的資訊比短距離溝通所能傳達的事還要少，但長距離的叫聲仍然有可能傳遞某些不同訊息，就像不同的約德爾式唱腔一樣。純音調可以產生高低變化，這種音調變化本身就具有意義。我們很習慣音樂中包含訊息、傳達特定主題：戲劇性的降調（如貝多芬《第五號交響曲》開頭的旋律），或歡快的升調（例如莫札特《魔笛》的序曲）。狼嚎的音調也能在音高上展現差異，而且這種變化可以不失真地遠距傳播，狼嚎本身也是如此。

每個小孩小時候玩遊戲時，可能多少都模仿過類似狼的嚎叫。通常請他們模仿狼嚎（換成成年人也差不多），結果大致如下：先是短促的低音，突然就上升到高音，然後再慢慢降低音調，如下方頻譜圖所示。你可以自己試看看。

如果想改進自己發出的狼嚎聲，讓它聽起來更逼真，那就要注意人類通常會有誇大音調陡升的傾向。可以試試看細節更多的「啊——嗚——」，聽起來會更接近真實狼嚎。儘管狼嚎跟小孩的嚎叫不太像，但這其實無所謂。此處的重點是，我們對狼嚎的音調模

孩童的模仿　　東加拿大狼的嚎叫聲

狼嚎的頻譜圖比較

式印象深刻：音調上升，然後逐漸下降。這**正是**狼嚎的特徵。即使八歲小孩的嚎叫聲無法說服任何一隻真正的犬科動物，而且細節的真實性經不起考驗，我們還是能認得這種嚎叫聲的特質；就像長笛協奏曲一樣，嚎叫聲主要是由音高（pitch）的變化（以及這些變化的時間長短）來定義。音高和節奏變化在長距離傳送時很容易辨識，但聲音的其他特性都會逐漸減弱、消失。

音高的變化——頻率調節（frequency modulation，簡稱FM）——是許多種遠距通訊的首選方法。音量變化——幅度調節（amplitude modulation，簡稱AM）太不可靠——風、雨，甚至聲音路徑中的樹木，都可能改變音量模式、擾亂AM訊息。因此，嚎叫聲以音高起伏來傳達訊息就不讓人意外了——這是長距離傳遞消息唯一的可靠方法。不出所料，那些偶爾出現的短距離嚎叫則沒有前述的限制。例如，當兩隻狼互相對峙時，牠們發出的狼嚎會「更為吵鬧」——叫聲中含有更多的AM訊息。如果你繞著一棵樹走，發現一轉過彎就與一隻陌生的狼面對面，這種時候最好是確保你所釋出的訊號清晰易懂，而且也要能清楚理解對方的訊號。你發出的AM訊息在穿過林間空地到達對方那邊時，不會有所遺漏，這跟傳到五公里外不同，那些聲響注定會消失。某些人（有所根據地）推測，在短距離嚎叫時，音量變化**可以**改變嚎叫的含義，或者改變狼嚎中要**強調**的部分。這個道理類似對某幾個語詞施加重音可以改變句子的含義（就像我在前面的句子裡用**粗體**字加強重點那樣）。也許嚎叫時將重音放在上升段（例如《魔笛》）與放在下降段（貝多芬《第五號交響曲》）分別會產生不同的詮釋。最起碼，我們能合理認為，牠們在溝通中有機會能利用這種重音強調的方式。

嚎叫的本質是音高模式的變化，這一點我們可以善加利用。我或許無法像狼一樣嚎叫，但在幾公里之外，狼反正也分辨不出來。牠們聽到的只是音調的高低變化，如果音高是依循著狼嚎的起伏模式，那麼在狼耳中可能就會被解讀為來自另一匹狼的嚎叫，於是牠們便會回應。這種針對狼嚎的調查成為科學家評估狼群數量和位置的普遍方式。有一次，在威斯康辛州一處荒涼之地，我站在一片黑暗和寂靜中，手裡拿著發光的指南針，一邊等待我們急速冷卻的汽車引擎的噪音消失。幾分鐘後，我同事安琪拉．達索（Angela Dassow）開始模仿狼嚎，那是她所能發出最響亮、最近似狼的嚎叫聲。幾秒後，我們聽到了回應。我很快就用指南針確定了方位，估計狼群的位置。世界各地的研究者都用類似的方法來評估狼群的數量。就像電影《威探闖通關》（*Who Framed Roger Rabbit*）中的卡通兔子羅傑——牠一聽到沒唱完的樂句，就會克制不住自己、非得完成那整段滑稽樂句不可（「沒有哪個動畫城的居民能夠克制得住，在『刮鬍子和理髮』的節奏後，一定都會忍不住唱出最後的樂音！」），狼也會情不自禁回應人類假裝的狼嚎。之後，我們檢查了放在附近的自動錄音設備錄下的嚎叫聲（見頻譜圖）。安琪拉的嚎叫時間除了較規律之外，幾乎與真的狼嚎並無二致。人類的聲音看起來比其他動物更容易預測。

在野外，狼的許多親戚物種也會嚎叫，但不盡然有同樣的遠距離交流需求。好比說郊狼，這種動物的家族群體比狼群小，獵物也較小，因此捕食獵物的距離更短。牠們不需要能傳到十公里外的叫聲讓同伴聽到。郊狼和牠們在歐洲、亞洲等舊世界大陸的親戚亞洲胡狼（golden jackal）還是會嚎叫，但聲音與狼嚎截然不同。雖然郊狼的嚎叫基本上與狼嚎相似（只是音高通常更高一點），但郊狼通常會在起頭的嚎叫之後發出一種非常荒誕的刺耳聲音，包括嘶叫、尖叫、重疊的嚎叫和吠叫。每當郊狼開始活動，森林的寧靜就會被一面極其混亂、複雜的聲音之牆打破，根本無法分辨是誰在發出什麼聲音。郊狼還獲得了「歌犬」（song dogs）的暱稱，堪稱實至名歸。現有的推測（儘管並非基於任何實證調查）是，這種混亂的合唱很適合擾敵，讓對方無從判斷郊狼群的確切個

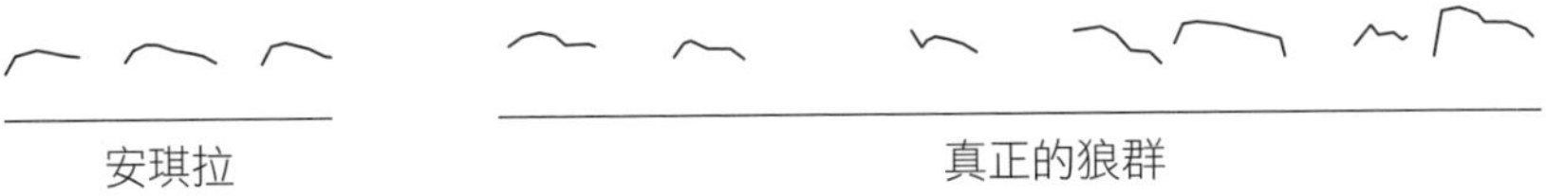

安琪拉　　真正的狼群

與狼嚎比較的頻譜圖

體數。聲音聽起來像有十幾二十隻具有攻擊性的動物在咆哮，實則通常只有三、四隻。這個主張稱為「博傑斯特」效應（'Beau Geste' effect），是以一九二〇年代殖民冒險小說中的主角來命名；這位主角將死去士兵的屍體排列在堡壘的城垛上，讓守軍數量看起來比實際上還要多。不過，就跟大多未經檢驗的假說一樣，那也可能只是對動物行為異想天開的解釋——在我們檢驗這些想法之前，那就只是想法。然而，一旦郊狼開始牠們混亂的大合唱，可以肯定的是，我們很難確定到底有幾隻在嚎叫。

紅狼過去在美國東部很常見，直到歐洲人到來，族群量才開始減少，現在幾乎在野外消聲匿跡。紅狼體型比灰狼小得多，但比郊狼大，占據這兩者之間的生態棲位。牠們的嚎叫聲比較像灰狼，沒有郊狼那種刺耳的聲音，而紅狼嚎叫比起牠們體型更大的表親又更有節奏、更加多變。目前還不確定這是因為牠們與郊狼的基因更為相似，還是因為牠們占據的生態棲位較接近。

「狼之所以這樣嚎叫，是因為這種聲音可以傳送訊息到遠方」的假說要如何加以檢驗？一種方法是去檢視具有類似的環境需求、但生存在其他不相關的生態棲位中的物種的演變。出乎意料的是，最後是在哺乳類中與牠們關係相當遠的海豚身上找到狼的這兩個發音特徵——純音（pure tone）和緩慢的音高變化；這超乎我們的想像。海豚的哨音與狼嚎幾乎具有相同的特性。海豚哨音的音高的確高出狼嚎約二十倍，這麼高的聲音有時人類很難聽到。另外，海豚哨音也比狼嚎短了約二十倍，但如果把海豚的哨音放慢二十倍，聽起來確實就非常像狼嚎。海豚生活在水下環境，能見度只有幾公尺，動物在一百公尺外和牠在三公里外的意思差不多。高低起伏的純音似乎是在這種環境傳遞訊息最可靠的方式，就跟在積雪林地中的狼需要狼嚎同個道理。下一章我們會再討論這種顯著的相似性。

嚎叫的意義

狼嚎到底有何含義？這是一個很難回答的問題，因為目前還不清楚我們所理解的「意義」概念能否直接套用在動物的溝通交流上。我們習慣一個語詞具有一個特定意義，且在多數情況下，意義不會隨著前後文而改變。當我們將這種概念套用在動物身上時，便得格外小心才行。這並不是說動物發出的訊號不包含明確含義。一些觀察狼經驗豐富的人就曾記錄過許多案例：一隻狼向另一隻狼發出呼叫，牠會立即得到適當的回應。如果溝通不會引發動物行為的改變，那麼溝通行為就不會存在。瑞克・麥金泰爾（Rick McIntyre）在他的《狼二一的統治》（*The Reign of Wolf 21*，暫譯）一書中描述了一群狼突然遭到競爭對手襲擊的狀況。這時狼群中的領頭母狼會離開這團混戰，到一旁發出狼嚎，立即呼喚來數公里外的狼群前來支援。[4]毫無疑問，狼群能夠理解嚎叫要傳達的訊息，而且一呼喚旋即引來回應，所以這種溝通是有效的。但那並不表示，嚎叫中的**意思就是**「來幫我們！」假設「狼嚎（或任一種動物溝通方式）具有特定含義」——這件事我們需要格外謹慎以對。另外，可否用這種關於一般訊息的概括性陳述來解釋牠們這類行為，也要小心拿捏。儘管如此，一般普遍接受狼嚎實際至少有三種不同含義。或者更準確地說，狼嚎至少有三種不同的作用：宣示領域、與狼群中的其他成員保持聯繫、滿足天生就愛嚎叫的欲望。

首先，狼會透過嚎叫來宣告自己的領域範圍。也就是說，牠們向其他狼群發出「離我遠一點」的訊息；這個地區已經有狼在此建立家園，牠們會認真保護自己的資源，而前來追逐牠們的食物的捕食者別想被太客氣接待。獅子和老虎也會透過吼叫宣示領域——這是我們直覺就能理解的常見行為。當然，要是你的領域綿延數百平方公里，那你在發出訊號警告競爭對手時，聲音要能傳輸很長的距離也就合情合理了。鳥類也會宣示自己的領域，但由於通常會以幾十平方公尺，而非幾十平方公里為單位，因此鳥叫沒那麼大聲，穿透力也較差。

狼這種複雜、神祕的動物究竟如何以嚎叫來宣示領域範圍，又是在何時何地進行這件事，目前我們仍不太了解，只知道野狼受傷和死亡的主因是與不同狼群發生衝突——至少在黃石國家公園這個狼群研究進行得最完善之處，情況是如此（但也不能忘記，狼是世界上分布範圍最廣的陸域掠食動物；在喜馬拉雅山、阿拉伯沙漠和北極島嶼的狼的領域性可能完全不同）。在狼的領域重疊處、在這些邊緣地帶，就是大多衝突和多數的狼會死亡的地方。鹿以及狼的其他獵物似乎在這類邊境區生存得更好，這可能說明狼本身在這些交界處會格外警惕，也會避免接近競爭對手的領域。由此來看，狼似乎不會去牠們地盤的邊界嚎叫，這點可想而知——何必呢？留在地盤中心、善用能長距離傳播的嚎叫聲會讓動物個體本身更安全。這也是狼嚎傳送範圍必須遠達數公里的另一個原因。

再者，狼也可能透過嚎叫來與狼群中的其他成員保持聯繫（就如在《狼二一》書中所描述的那樣）。生活在領域廣闊的環境中，個體經常會逛到很遠的地方，要再碰頭（去狩獵或照顧幼狼）並不是容易的事。有時，狼會四處亂逛尋找獵物，或是去「巡邏」地盤，又或者只是想散步——目前確實沒有客觀的方法能弄清楚牠們腦子裡在想什麼。但如果每匹狼都各自出去漫步，整個狼群很快就會分散開來，最遠可達涵蓋數十公里的範圍。母狼也經常帶著幼狼轉換巢穴——我們也不知道是是受到什麼刺激使然。但試想，若你是公狼，去查看過麋鹿的行蹤回到家後，發現妻小都跑了，會作何感受？嚎叫似乎是讓個體有規律地一次次找回彼此的方式，無論是隨興的週期性嚎叫，讓每隻狼隨時知道其他夥伴在哪裡，又或者帶有特殊目的，好比說狼群中有成員走失了，要喚回同伴。同理，這類呼喚聲也一定要在狼群的活動範圍內被聽到和識別出來。

狼之所以嚎叫的第三個原因純粹就是因為牠們喜歡叫。從「宣示領域」或「呼喚散落各處的成員」等生物適應環境的解釋，能夠推導出嚎叫是狼經常做的事。這麼做成為一種習慣，也成為組成牠們社會結構的一部分。如果嚎叫代表威脅（地盤遭到入侵）或落單（喚回四散各處的狼群成員），那麼狼群聚在一起時會嚎叫也沒什麼好奇怪的。這麼做能讓牠們確定領域沒有遭到威脅，也沒有狼走失。這種解決生存問題的工具也成為凝聚社會的工具——在人類社會中同樣很常見。對人類的祖先來說，唱歌、跳舞可能都是用來講故事和教授狩獵技巧的方式，只是後來的目的改變，主要是為了將宗族更緊密聯繫在一起（即使傳統上不同世代都無法苟同非同輩人的音樂品味）。在圈養的動物身上，能夠很明顯看出狼真的想嚎叫。在休息、吃飯或在圍欄內巡視時，只要有一隻狼開始嚎叫，緊接著其他狼就會加入。幾年前，我在英格蘭南部的英國灰狼保育信託組織（UK Wolf Conservation Trust）觀察到三隻北極狼：馬薩克（Masaak）、西科（Sikko）和普卡克（Pukak）。這三隻令人望之生畏、力量強大的動物渾身雪白（但全身沾滿泥巴），會在牠們的大圍欄中踱步。體型最大的馬薩克爬上一個小土丘，開始發出低沈而響亮的嚎叫聲。位階最低的普卡克立刻仰起頭，也跟著叫了起來。唯一的母狼西科回頭看了普卡克一眼，顯然也不想錯過，牠加入了狼嚎的陣容。這時，馬薩克有點上氣不接下氣，但又開始嚎叫。這些狼的肢體語言似乎支持了前面提到的觀點：牠們對這種喧鬧的社交互動充滿熱情。人類養在家中的狗也是如此。也許你會說這是「本能反應」，但本能與「想要」嚎叫之間似乎還是有點差異。齊聲嚎叫不只是在展現攻擊性或代表落單的聲音，而是相當歡樂的共鳴。

狼嚎具有這三種作用，是否就表示狼嚎有三種不同的意義？一種聲音是在說「走開」；一種是說「過來」；還有一種表示「一起唱歌的時間到了」？在我看來，試圖將「意義」這樣的概念——無論在我們看來有多明顯——強加給沒有實際語言的動物，注定是徒勞無功的失敗之舉。我們把「意義」理解為具有明確的定義，那是因為我們有語言。字詞是有意義的。句子有意義。但語言是個特例。我們之

英國灰狼保育信託組織飼養的北極狼西科。

所以有表達資訊的能力，那是深植於我們能明確區分不同意義的這個根本。如果沒有語言，你甚至不會知道「語言」一詞的概念，那麼你可能對獨一無二的專屬意義這件事就沒有清晰的概念。當我們面對的不是語言訊息時，意義就變得不那麼明確了。一首流行歌會有一個特定意義嗎？可能不會。一首歌可能會喚起特定的情感，甚至可能是相當有一致性的情感主題，但如果說披頭四的名曲〈艾蓮娜・瑞比〉（Eleanor Rigby）的字面意思就是「寂寞」，那也有點太牽強了。同理，嚎叫似乎能夠傳達想法——甚至可能相當複雜的想法——但並不是我們充滿語言的大腦所期待的那種以一字一句的形式清楚表達的意義。我們認為某種特定的嚎叫聲聽起來很「孤寂」，但這並不代表狼必然會將同樣的嚎叫也這樣解讀。話雖如此，但既然我們能在不涉及語言解釋的情況下感知聲音中的情感，這表示其他動物很可能也具有同樣的感知力。就以一些生活空間靠得很近又常發出聲音的動物而言，這是很合理的推測。動物之間能理解彼此發出的聲音中的情緒，聽起來並不是很異想天開。

情緒似乎確實與不同類型的訊號密切相關。老鼠和土撥鼠、狗和貓、鹿和兔子等所有動物在恐懼時，發出的尖叫聲都有一些共同的聲學特性。這些聲音聽來真的很可怕。[5]如果你試過安撫寵物兔子或小貓，就會發現輕柔和緩的聲音對牠們很有效，就跟對人類小孩子也有效一樣。我們有大量詞彙能表達不同的情緒狀態，而我們的大腦可能比其他動物更能理解許多不同的狀態；更重要的是，我們有辦法談論和描述這些情緒，所以人的語言中會有這麼多語詞也就不奇怪了。談論不同的動物情緒有點困難，但並非不可能。動物的情緒似乎至少取決於兩個不同的因素：牠們有多害怕，以及多興奮。這促成了一種簡單且受歡迎的情緒分類法，常用於動物行為研究，就稱為羅素循環模型（Russell's circumplex model）。請參見下頁圖。從一方面（Y軸）來看，某隻動物可能對某件事感到非常正面（比如對食物的感覺）、中立（例如對岩石的感覺），再到非常負面（例如對掠食者的感覺）。另一方面（X軸），動物可能處於從興奮（正面或負面）到完全漠不關心，以及介於兩者之間的任何狀態。此二軸各自獨立，因此可以任意組合不同象限的因子：從興奮又快樂，到悲傷得冷漠，以及介於這兩者之間的所有情緒。

研究者經常用這個模型來描述動物情緒，其中一個原因：它僅是以簡單的情感來區分，而我們有把握大多數的動物都有這些簡單的情感，不論其心智複雜程度為何。此外，還有另一個很大的優點：它適切概括了動物（可能還包括人類）的情感，顯示出這些情感實際上是無窮無盡的不同組合的連續狀態。我們有不同的字詞來表達不同的情緒（「歡樂」和「快樂」的差別），但動物卻沒有。一切都是連續的——這多少緩解了我們的

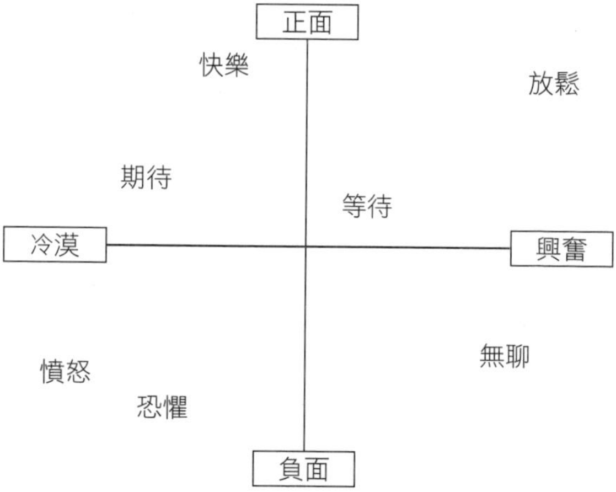

正面
快樂
放鬆
期待
等待
冷漠
興奮
無聊
憤怒
恐懼
負面

羅素循環模型

擔憂，不用太擔心賦予動物聲音果斷的含義有失妥當。某聲嚎叫並不代表「你好」——可能只是比另一種嚎叫聲更接近這個意思。「走開」的嚎叫聲也並沒有這樣的字面意義，但可能包含負面與興奮的元素，而接收到這種聲音的另一隻狼會對此下適當的判斷。事實上，核磁共振腦部造影顯示，狗和人類在聽到這類帶有情緒的聲音時，腦中的反應相當類似。[6]這種透過相近的聲音來詮釋類似情緒的能力，似乎建立在我們和其他動物間非常深厚的演化連結上。

關於下面這件事你可能會感到驚訝，也可能不會：幾乎沒有動物研究發現到任何帶有特定含義（具體、特定的概念）的聲音，通常動物發出的聲音僅是特定情緒意向的表達。我和我的同事目前正在研究狼嚎的不同含義，但這是不尋常也很少見的研究計畫。這個研究方向很有前景，因為我們確定嚎叫聲至少會用在三種情況：宣示領域、保持聯繫和消遣娛樂。但這個研究的挑戰也很大，因為大多數時候，我們無從得知狼在嚎叫時實際上在做什麼。牠們距離我們太遠，隱身在樹木之間，不然就是在晚上，總之我們看不到狼的身影。不過，還是有些技術可加以應用，我們能夠對嚎叫者的地理位置進行三角測量，繼而推斷牠們是聚集在一起，還是相距很遠。在分析黃石國家公園的狼嚎後，我們得到了一些有趣的結果。

不同類型的嚎叫聲似乎**確實**會在不同的情境下使用，例如當狼群聚在一起大合唱時，用的是音高起伏較小的簡單嚎叫聲；而當有個體與其他狼分開時，則使用音高變化更大的狼嚎。但這會不會只是反映出牠們的情緒狀態——或許孤獨的狼無法控制自己的音高——又或者狼想要藉由這樣的嚎叫來傳達訊息，而且聽到的狼也能夠理解？威斯康辛州的狼會「理解」黃石公園的狼所發出的嚎叫嗎？我這裡要表達的意思是，牠們會據此做出適當的反應嗎？或者這些嚎叫聲的差異只是巧合，與要傳送的訊息意義無關？很顯然，在了解動物交流的這條路上，還有很長一段路要走。

不同類型狼嚎的頻譜圖

狼的方言

在一個寒冷的十一月早晨，我們五個人坐在義大利北部一棵小橡樹下，凝視著深谷，等待狼群的出現。大家用雙筒望遠鏡掃視巨石和灌木叢，最後終於看到一點動靜：一些小狼開始嬉戲、互相追逐，也探索周圍的環境，而成狼則在薄霧散去時享受著清晨的日光浴。距離不到四百公尺處便有農舍。然而，鄰近的農民都不知道狼就住在離他們家園這麼近的地方——如果發現有狼，他們勢必跳腳。但由於這裡的農家飼養了忠實且生性多疑的馬雷瑪牧羊犬，牠們能守護羊群並阻擋狼的攻擊，因此此地的狼只會去抓鹿和兔子等野生獵物，不會上演牠們美國近親那種狩獵野牛的戲劇性場面。牠們並沒有真正影響到農民的生計，因而可以避人耳目。

到了晚上，我的兩位夥伴瑪蒂娜・拉扎羅尼（Martina Lazzaroni）和瑪蒂娜・魯西尼昂（Martina Russignan）和我一起聆聽持續發出低沈聲響的交通噪音，同時間遠處還有收音機播放聲，以及農場狗兒不時的吠叫——有個現象在此時此刻變得很明顯。有些牧羊犬會開始吠叫，接著又嚎叫起來。附近農場的狗會聽到嚎叫聲，然後伴隨著牧羊犬的交響樂，又響起了一聲嚎叫。我和兩位夥伴面面相覷：顯然最新的叫聲是狼發出來的，但聲音卻很像狗！不熟悉狼嚎的人無法分辨出差異。這些野生掠食動物不見容於當地的憤怒農民，於是牠們發展出絕招：利用狼最致命的敵人來謀求生存之道。牠們像狗一樣嚎叫。回去聽那幾晚所錄下的音檔時，我發現要區分狼群和馬雷瑪牧羊犬可不容易。

在多數時候，狼嚎都相當有特色。不僅是狼這種動物本身有其特別之處（與牠們的近親郊狼、豺狼和狗不同），甚至連特定狼種也各有各的特徵。歐洲狼的嚎叫聲長而低沈，屬於起伏不大的單音調。美國灰狼的狼嚎會先有一段音高上升後下降，之後接著沒有起伏的嚎叫聲。北極狼也是如此，但牠們的音高會上升得更高。幾年前，我一位同事霍莉・魯特－古特利奇（Holly Root-Gutteridge）提到她剛看過一部恐怖片，電影讓她大失所望，因為故事場景設定在外西凡尼亞（Transylvania），但片中狼嚎很明顯是北美的狼發出的聲音。過去我們一直對狼嚎聲具有固定模式的想法非常著迷，於是也認為若是蒐集到世界各地的數百種狼嚎聲，便會在不同國家發現一致的模式。這就是科學研究的起點。

這些義大利狼聽起來比斯堪地那維亞或俄羅斯的歐洲狼更像狗。狗的嚎叫聲最奇特：變化多端，而且難以預測。這批義大利狼群跟著狗叫而叫——是因為牠們知道自己有必要隱藏自身的蹤跡，不被人類發現嗎？還是牠們純粹是聽到周圍的嚎叫聲，然後跟著模仿而已？北美洲的狼體型比義大利狼大很多，大約重達四十公斤；相較之下牠們這些歐洲親戚只有三十公斤。因此，牠們自然是以較低的音高嚎叫，就像低音號與短笛會有完全不同的音高一樣。那牠們的音高**模式**又是如何？為什麼某個國家的狼會只有單一音高，而其他國家的狼則有音高的高低起伏？有三種可能的解釋。

首先，不同族群的狼在基因上可能確實存在很大的差異，因此牠們大腦中負責處理嚎叫的部分也有結構上的不同——北極狼的大腦比歐洲狼更容易發出柔和的顫音，嚎叫本能更偏保守、沈穩。但這種以基因來解釋複雜行為的推論相當薄弱，沒有說服力。肌肉和神經等身體結構在演化過程中可能代代相傳，但是目前並無任何明確機制足以解釋本能會怎麼遺傳給下一代——儘管很顯然這是必然的事，至少身體的基本功能是如此，比方說對掠食者的恐懼，或受到潛在配偶的吸引。

其次，狼可能是跟父母和狼群夥伴學習怎麼嚎叫。正如人類的語言會有方言和口音，由於不同人群有不同傳統，逐漸分化而產生出這種結果，狼嚎同樣也會逐漸出現各種方言。在北美洲阿帕拉契山區的居民講

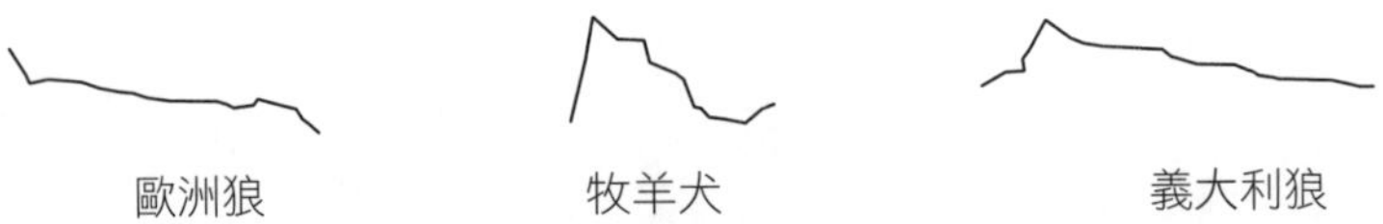

比較狼嚎的時頻圖[3]

起話來就跟與他們在蘇格蘭的農人祖先不一樣。新的言語中會隨機出現特別的用語和發聲，而且很快就會融入一般常見的談話方式中。狼群也是如此，相距遙遠的狼群最終會發出不同的叫聲，因為幼狼會模仿成年的狼。

要探討這個問題應該不難：動物園裡，美洲狼常常會和歐洲狼養在很近的地方——牠們長大後會怎麼嚎叫？如果狼嚎保有美洲口音，那麼嚎叫的多樣性很可能便來自遺傳。如果像歐洲狼那樣嚎叫，那麼狼嚎很可能就是後天學習而來。到目前為止還沒有人做過這樣的實驗，滿令人意外。

不過，還有第三種可能的解釋。不同類型的狼嚎可能確實有不同的意義。不同的音高模式，或多或少的起伏顫動，很可能分別有特定的目的。在冰天雪地的北方大地上，嚎叫是狼群成員得以重聚的關鍵，因此透過嚎叫來識別個體這件事很重要——嚎叫聲因而也要夠多樣化才行。在幅員較小的歐洲狼群領域和墨西哥沙漠中，用相對沒有高低起伏的簡單嚎叫就足以宣示自己所屬狼群的存在。由於不同的情緒（例如孤獨或舒適）可能影響嚎叫的變化程度，嚎叫勢必會發揮影響狼群結構的作用。紅狼的體型和生態棲位介於灰狼和郊狼之間，而紅狼的狼嚎有部分像灰狼，部分像郊狼——不是因為兩者間有某種基因混雜的情形，而是因為兩種動物的生活方式，以及群體內彼此交流、與群體外競爭者溝通的需求得要結合前述兩種嚎叫聲。理想上，我個人會認為嚎叫既是後天學習而來，也是適應的結果。這會是理解動物叫聲「意義」的極佳方式——並非以人類理解中的意義為標準而強加草率的翻譯，而是直接從中推知動物本身有哪些需求。但當然了，理想是理想，不太能左右現實究竟為何。總有一天，我們會挖掘出真相，也就知道哪一種解釋才對，或者可能還有我們目前尚未想到的別種解釋。

我們可以回應狼嗎？

不管你是否喜歡（我不喜歡）這件事，但我們與狼之間的關係是對立的。農民對狼吃掉他們養的牲畜感到不滿，但這是狼的生存之道。令我驚訝的是，農人的一生都植基於他們與自然的關係上，但卻對自然界的運行有這麼強烈的反應。不過即使是那些從未見過狼，甚至從未在夜間走進森林的人，也會對狼感到害怕。這種恐懼感在於我們的文化中根深蒂固——不僅過時，還會嚴重危害到自然生態系的平衡。一天晚上，正當我們在一片黑暗的森林中安裝設備時，離我們不遠的地方開始有狼嚎叫。我和安琪拉・達索與貝絲・史密斯（Beth Smith）感到非常高興——這種感覺實在難以形容，能夠與自己費盡心思想要理解的動物相遇，就像是牠們特地前來幫忙我們做研究一樣。但我們也感到一絲緊張。所有野生動物都有潛在的危險性。過去我曾有遇上野豬和犀牛並死裡逃生的經驗，而狼可能也會傷害你。貝絲笑得一臉僵並轉向我們，再用她濃濃的蘭開斯特口音說道：「說實話，我只想活著離開這裡。」當然這只是在說笑——她是研究大型肉食動物經驗豐富的生物學家，專業而老到，也很習慣獨自踏進芬蘭的雪地和外西凡尼亞的森林追蹤狼群。不過這話確實透露出一件真理：自然是不可預測的，不像我們每天時間到了規律上班這麼簡單。在野外，我們會更加無助，更容易受到所有生物都得進食這條鐵律的影響——如果有必要的話，牠們也會以我們為食。我們在「文明」中過著高度受人為控制、事事有條理的生活，這與危機四伏、混亂且反覆無常的自然世界形成鮮明對比，想起來往往讓人心生恐懼。其實並不需要特別對狼或狼的世界感到害怕。恐懼無法為「人狼共存」的長久之計打下良好基礎。我們要如何學會認識掠食者的需求——尋找地盤、配偶，當然還有獵物——同時也兼顧人類自己的需求？掠食動物對生態系的平穩運作而言不可或缺。深入了解狼的行為是否可能幫助我們達到適當的平衡？

狼會透過嚎叫來宣示自己的領域、與狼群成員保持聯繫，也因為牠們樂在其中所以嚎叫。這不能算得上任何一種語言，更不是我們學得來的語言，但狼嚎仍是一種溝通方式，也許我們可以加以利用。如果狼能夠理解嚎叫中廣泛的情感意義——**如果**牠們辨得到——那麼也許我們可以藉此傳達出我們自己的訊息。一些農民曾試著錄下狼嚎再播放出來，以期這些動物遠離他們的牲口（但成效不彰）。如果我們不知道該傳達什麼訊息，這麼做當然不行——農民播放的嚎叫聲搞不好是：「來這裡吃飯！」然而，藉由解析嚎叫中所包含的廣泛意旨——我指的是情感暗示——我們的手法就能再巧妙一點。播放出可解讀為有威懾意味的狼嚎，這就可能會有效果，而且不會造成任何傷害。在義大利已經有人採行這種做法，那裡的狼不敢接近農場，即使不捕食牲口也能生存，而且還在當地生態系發揮關鍵作用，控制著野外獵物的族群數量，讓大自然和人類造成的波動恢復平衡。

這個提議聽起來不可思議，彷彿我是在建議要與野生動物「交談」。顯然，我們無法與動物交談，牠們無法理解語言是什麼，更遑論理解我們用語言表達出的訊息意涵。但不用我多說，我們一直都會與動物交談，而且人類與狼那些特殊的親戚交談次數比起其他任一種動物都來得多。狗不是狼——牠們是從狼的遠親演化而來，可能更接近豺狼或郊狼，而較不像居住在大平原上雄壯威武的野牛狩獵者。但狗和牠們的祖先與現代的狼之間有許多共通點。首先，牠們是群居動物，會生活在群體中，並與群體中的其他成員形成密切的連結。牠們也喜歡社交互動。狼會玩耍和嬉戲，就如成年的狼會讓幼狼玩拉扯和猛撲的遊戲一樣，狗也是如此，會和我們人類一起玩耍、拉扯和猛撲。狼用嚎叫來鞏固牠們的社會連結。碰上同伴嚎叫時，狼通常會放下正在做的事，跟著發出狼嚎。狗也有類似的傾向，知道我們何時在跟牠們說話：牠們會豎起耳朵、歪著頭，試圖理解我們的話。

狼是高度社會化的動物，生活在不脫家族情誼的世界，而且會與其他家族發生衝突，那麼想必狼與狼之間必定得說很多話才行。當牠們處於自己親近的群體中，毫無疑問，狼會表達喜怒哀樂以及欲望和厭惡，使用的是一連串我們尚未破譯的微妙訊號——哪怕人類已經有馴化狗的經驗，因而在理解狼的交流這方面有了好的開始。那麼最令人戰慄的溝通行為——嚎叫呢？關於這一點，我們可以非常明確地說，嚎叫並非語言，既沒有語詞或句子，也少了我們自己的語言中一直會使用的明確意義。但狼嚎中的概念仍然是我們所熟悉的。嚎叫會講述關於動物感受的故事：孤獨（形單影隻）、威脅（可能受到其他狼的進逼），或很開心與同伴在一個家族群體中。人也有這些表達方式，我們可以用我們的語氣、姿勢和手勢來傳達相同的想法。嚎叫聲無法做到描述細節，因為那是用來遠距離交流的方式。我們自己也會這樣做，比如簡訊中的「omg」（Oh My God——我的天啊！），甚至是「wtf」（what the fuck——什麼鬼）這類縮略語，就足以告訴對方他們需要知道的一切，哪怕我們並沒有提供確切的**含義**。

狼的故事從根本為我們上了一課，從中我們能理解人類這個身分意義何在，以及我們與其他動物之間又是怎樣的關係。早在有語言之前我們就有辦法交流，即使沒有語言，我們仍然可以交流。確實，我們的大腦因為「說話」這項能力幾乎被改造得面目全非。而事實上，經過這樣的大幅修改後，我們除了具特定含義的語詞和句子之外，幾乎難以找到其他方式來理解「意義」。但我們仍舊可以在少了直接了當的意義的情況下進行交流。我們會心不在焉坐著撫摸狗兒皮毛，甚至與另一個人牽手——這些無疑都是溝通，但沒有要指出任何特定的**意義**。正如嚎叫可以帶有攻擊性或社交性，我們也能透過目光傳達情感給我們的狗。我們與動物的溝通連結仍然存在，就隱藏在那股難以抗拒使用文字和語言的衝動底下。我們還是能與動物交談，這個能力內建在我們體內，只不過異於那套我們自認為了解的談話方式罷了。

第二章　海豚

潛入海中可能是我們多數人所經歷過最接近外太空體驗的地方。海面下的我們顯得弱小無助，必須依靠機器才能呼吸，而且只能用最笨拙的方式努力移動身體。無論是在冰凍、不宜人居的北極，還是在美洲豹隨時可能出沒的叢林，我們都沒有在水中那麼脆弱。就我個人而言，因為對水下世界實在很著迷，所以不會驚慌——好吧！應該說不「那麼」驚慌。但當然，我們有充分的理由感到恐慌。無論海面下的情況如何，那都是不屬於我們的世界，我們沒有辦法移動，甚至無法呼吸——當然也沒有能力溝通。就在這時候，彷彿是要強調前述的道理一般，一抹巨大、光滑的身影近乎粗魯地輕鬆滑過。牠會扭轉和翻動身體，輕鬆探索整個三度空間，就像你我走在街上一樣。牠時而倒立，時而側身。這隻巨大的生物用一雙大眼睛看著你，眼神裡不是飢餓，不是恐懼，而是好奇。要是牠餓了就會咬你一口，就跟你從地上撿起一隻無力反抗的蝸牛一樣容易。如果感覺害怕，牠就會游走，你也不能拿牠怎麼辦。在潛水時被海豚包圍最是讓人有置身於異次元的感覺——不僅身處一個我們不屬於其中的世界，那也是個我們難以理解的世界。

但如果你曾在水中與海豚共度一段時間，很快就會注意到其他事情。儘管周圍的海水重量壓得你喘不過氣，你也會注意到海豚從來不會安靜下來。這些動物幾乎是不間斷在發出聲音——各式各樣的聲音！有拍打聲、哨音、嗡嗡聲——而且還不斷變化。對我們來說，這種個體間的交流方式幾乎難以想像。由於人類耳朵不擅長判別水中聲音的方向，所以很難分辨是哪種動物在發出哪種聲音，而且更麻煩的是，牠們在溝通時不會張開嘴，而是從氣孔深處發聲。儘管如此，還是可以明顯察覺到有某種形式的交流正在發生中。

如果隨便問一個人覺得哪些動物有自己的語言——無論這種語言是指什麼——很多人都會回答「海豚」。這種生物的某些特質會讓人認為牠們的能力遠高於其他物種——甚至遠高於我們人類自

一群飛旋海豚在九秒內發出的哨音頻譜圖，可看出許多不同個體的哨音相互重疊。

己的能力。有些人認為海豚會心電感應，而牠們就是神聖的多次元外星智慧的體現；或者單純認為牠們自有一套複雜的語言，只是我們的思想太過封閉，所以無法領會。對我來說，海豚是種迷人的動物，牠們完美適應了自己身處的環境，還非常懂得利用周遭的事物，而且具備智力和溝通能力，（有時）足以理解人類對海豚提出的要求。光是這一點就很值得我們去研究海豚。老實說，正是出於這些原因，我在研究海豚時格外振奮，而不是我相信牠們是強大星際政府派來的代表。在所有關於海豚能力的誇張說法中，只有一個打動我的心坎，那就是道格拉斯・亞當斯（Douglas Adams）在他的《銀河便車指南》（*Hitchhiker's Guide to the Galaxy*）中所寫的：

> 人類一直自認比海豚更聰明，因為過去達成許多成就……我們有車輪、紐約、戰爭等等，而海豚只是在水中玩得很開心。但基於**完全相同的原因**，海豚相信自己比人類更聰明。

海豚看起來**確實**很開心。從海龜到小貓，幾乎所有動物都會「玩耍」，因此科學家相信，玩耍是動物行為的基本要件，而且會這麼做的物種多得驚人。[1]但即便如此，海豚似乎還特別愛玩，與大多數動物形成鮮明對比。以斑馬這類植食動物來說，牠們吃的是相對沒有營養的食物（草），因此必須花費大量時間進食，以確保身體獲得所需的營養。誠然，斑馬有時會玩耍、在疏樹莽原上嬉戲，但那並不是牠們一天中大部分時間從事的活動。現在再來想想一頭獅子的狀況。牠們得消耗巨大能量來追逐獵物，但時間很短。一旦抓到某隻斑馬（或獵捕行動失敗），牠們就會想放鬆、休息一下。是的，幼獅也會玩耍，而且成年獅子會和牠們一起玩，不過獅子就和斑馬一樣，玩耍只占牠們很少部分的時間。在上一章提過，狼很會消遣打發時間，其中也包含玩耍，但牠們主要還是在休息。

海豚完全不是這樣。在野外觀察海豚時，會發現牠們似乎只用相對少的時間來從事有實際用途的活動，例如進食或休息。多數人只在海面上見過野生海豚，通常是牠們成群結隊游泳時，不過一旦潛入水中，你會發現完全不同的景象。這些動物會先做徹底的調查——尤其是調查你這個初來乍到的外人。牠們對周圍環境非常感興趣，有時甚至會操弄物體好多加了解眼前的東西，而這種興趣和調查看起來不一定有任何直接的目的。當然，能弄清楚這種背上裝了氧氣瓶、又不斷吐泡泡的奇怪生物是否危險也是挺好的，不過海豚投入這麼多時間來探索，確實清楚透露出其所擁有的智力——牠們一定有**能力**

利用這些訊息，否則為什麼要花這麼多時間蒐集資訊？海豚也常玩耍。牠們會玩一種互相搶奪海藻串的遊戲，甚至也玩吹泡泡：用噴氣孔噴出煙圈狀泡泡，然後將吻部伸進自己製造出來的圈圈中。[2]

沒錯，海豚很聰明。但**為什麼**聰明呢？而牠們的聰明會將踏上探索動物溝通之旅的我們帶往何處？海豚真的像一些人心目中所想的那樣，是動物中最厲害的溝通高手嗎？海豚有語言嗎？我們有沒有辦法弄清楚這一點？也許探討海豚的溝通問題時，最好也抱持我們理解其他任何物種的相同態度，無論是狼、鸚鵡甚或人類本身。我們想知道，為什麼海豚會有這樣的溝通方式，這種溝通交流在牠們生活中有何作用，以及如何塑造海豚社會和海豚之間的關係。這樣一來，我們才能真正了解這種溝通行為最有趣的動物到底在表達什麼。

海豚音

在水中，聲音能有效傳遞，因此聲音是海豚用來溝通的主要媒介。在海裡，除了某些最原始純淨的水域，否則十公尺以外的東西幾乎看不到，因此在溝通交流上視力會受到限制。海豚確實有一雙大眼睛（如果不大，恐怕什麼東西都看不到），科學家近期才發現這種動物也會使用化學訊號——基本上，牠們有可能從水的味道中「聞」到每一隻海豚個體尿液的氣味（不建議你在自家附近游泳池嘗試這種辨識方法）。不過聲音才是牠們的世界裡主要的溝通方式。聲音的傳播速度快，不大失真，而且容易發出和偵測到。就像在黑暗中飛行的蝙蝠一樣，海豚會利用聲音來尋找方向。牠們發出響亮的喀答聲，然後聆聽迴聲的模式，藉此判斷前面是否有東西、是什麼形狀，甚至判斷出材質。在水中生活、尋找方向會碰上諸多限制，於是海豚演化出這套精湛技術來產生複雜的聲音，並有辦法聆聽和詮釋，想想也就不足為奇了。

海豚會不斷發出這些用於迴聲定位的喀答聲。在水中，當海豚只是四處游動時，你會聽到這種聲響的生成速度相當緩慢；但碰到水中有障礙物或出現需要詳加調查的東西時（例如潛入水中的你），這些聲音就會變得更快、更急。有時，喀答聲發出得又快又猛，聽起來更像嗡嗡作響。這些聲音又稱為突發脈衝，可能也有一定的

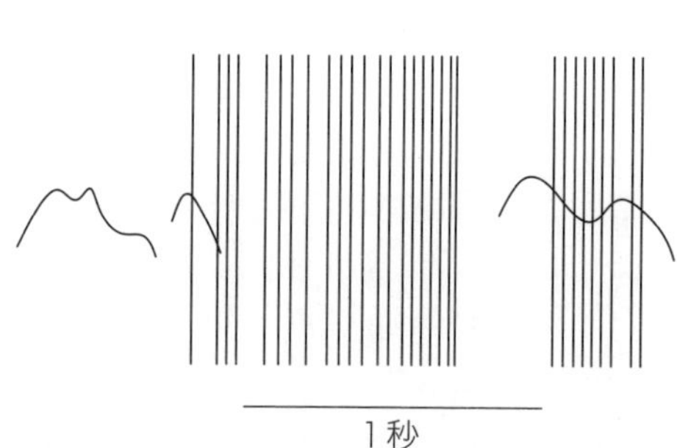

這張頻譜圖顯示快速的喀答聲（垂直線）會以不同的速率出現，這又稱為突發脈衝（burst pulses）。在此圖中，也有一些哨音與之重疊。海豚透過兩個「鼻孔」各自獨立發出聲音，也可以同時發出兩種聲音，這在哺乳類中相當不尋常。

溝通功能，而不僅僅是用於迴聲定位。嗡嗡聲的模式、喀答聲的頻率，甚或喀答聲本身的細微差別（人類無法察覺），都可能是在向其他海豚傳遞一些重要訊息。

但說實話，我們對此一無所知。就和本書中所討論的許多動物一樣，在野外研究海豚非常困難。一如狼群，如果不想被人跟著，那你就無法尾隨牠們，海豚若不願意的話，也可以直接背向你（或者說得更準確一點，是將牠們的尾巴朝向你），那你也無計可施。因此，野生海豚溝通的研究之路還很漫長。不過，海豚有一些特別之處，這讓牠們與狼、黑猩猩，乃至於所有其他動物都截然不同。那就是上文提到的頑皮好玩的天性；有這種天性代表其實海豚（有時候）會與你**合作**。無論是在野外或圈養環境中，某些時候你是可以說服海豚來參與研究、回答問題的——幾乎可以。

幾十年來，科學家一直利用海豚這種合作的天性來探討牠們發出聲音的意義。但多年來，大多數關於海豚溝通的研究都只針對一種聲音：哨音。這並不是在說海豚發出的其他聲音——尤其是突發脈衝——在牠們複雜的交流過程中沒有發揮任何作用。我確信它們也是有功能的。不過本書還是會將討論集中在哨音上，就像上一章的討論聚焦於狼的嚎叫聲，而不是牠們的咆哮和低吠。因為海豚的哨音剛好展現出這類動物溝通系統的演化如何滿足了牠們的生存需求，而這也有助於揭海豚的生活需求到底有哪些。

哨音：海豚溝通的核心

海豚哨音——顧名思義，是一種高亢的聲音，會以複雜的方式上下起伏。正是這些哨音的多樣性讓科學家為之著迷不已，紛紛投入大量時間和精力在探討下面這兩個問題：為什麼這些哨音如此多樣化？它們要表達的意思是什麼？海豚幾乎時時刻刻都在發出哨音。雖然沒有像用來迴聲定位的喀答聲那麼頻繁——牠們需要用喀答聲來找路——但也算很常使用。前面提過，牠們的哨音不像我們是用嘴吹出來的，這一點並不奇怪，畢竟海豚跟我們不一樣，不是用嘴巴呼吸。海豚發出所有聲音都是透過噴氣孔（blowhole）——相當於牠們的鼻子。你習慣吹的口哨與海豚的哨音還有一個差異：海豚可以循環利用發聲的空氣，因此你不見得會看到牠在發聲時有氣泡從氣孔中冒出來。這個特性讓水下研究者很挫敗：在海中環顧四周，實在難以分辨到底是哪隻海豚在對另外哪一隻說些什麼。不過具備這項特性自有道理，畢竟海豚只要待在水裡就是屏住呼吸的狀態。

在上一章曾提過海豚的哨音與狼嚎有許多共同點。若是放慢哨音的速度，兩者聽起來就非常相似，而事實上「嚎叫」和「哨音」間的差異只在於音高和持續的時間。這兩種聲音訊號具有相似的特性，甚至在頻譜圖上並無二致，這不是巧合。就算聲音在水中傳播效率佳，但海洋仍是個嘈雜的環境，而且會受到許多干擾，原因**正是**聲音傳播效率佳造成的。海豚並不是唯一會利用聲音來交流的動物，不同種類的蝦子也會不斷發出喀答聲，環境中會有這種持續不斷的背景噪音，往往會淹沒其他所有聲響。若是再加上海浪聲和其他無數生物的聲音，那麼對海中的海豚而言，要傳遞訊息的難度可能就比在黃石山脈和山谷中的狼群更高。若牠們要講的事情有一定的複雜性（所謂的複雜，是比「我在這裡！」更複雜一點的意思），那麼接收訊號的一方就得要能如實重建訊息，儘管傳遞的一路上還會碰上許多干擾。就和狼嚎一樣，要做到這一點，牠們也使用高低起伏的單音。將聲音能量集中在單一頻率上，只改變頻率的高低，以此表示不同類型的訊息。海豚的哨音就是這樣。

因此，除了直接發出哨音之外，如果海豚想要傳送複雜一點的訊息，牠們還得非常精確控制哨音的音高，畢竟這些聲音的高低起伏會是接收者唯一能從哨音中辨別出來的東西。事實上，海豚對哨音的控制非常精準，可以發出各式各樣的哨音，還能輕鬆模仿其他海豚甚至人類發出的哨音。牠們可以重複發出某些繁複的哨音，一遍又一遍，而且每次聽起來幾乎都一樣。

好吧！並不是每次都**完全**相同。你會發現，下圖所呈現的哨音（全部來自同一隻海豚）之間仍略有不同。這些細微差異正好能說明研究複雜的動物溝通會碰上的一大難題，而且也不僅限於海豚，許多不同物種都是這樣的情況。當動物發出（**明顯**）不同種類的聲音時，那都還好辨，例如哨音與喀答聲，任何人都區分得了這兩者。但通常的情況是，動物不同種類的聲音會相互融合，只有**程度**上的區別，沒有種類上的差異。貓咪的「喵喵叫」是什麼時候從開心轉變成憤怒？你也許能辨別家裡的貓咪高興地蜷縮在你腿上和牠餓到發怒、急著討食的不同——這兩個極端很容易區分。但在兩個極端之間，聲音是漸漸地從「快樂」轉變成「憤怒」，當中沒有明確的分界線。這種漸進式的發聲構成了一大問題，讓人難以解讀動物的交流，因為我們不知道動物在不同含義之間是怎麼劃出界線（如果牠們真的

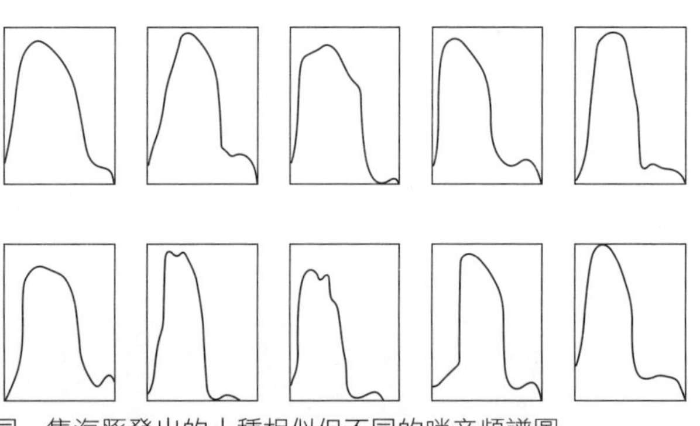

同一隻海豚發出的十種相似但不同的哨音頻譜圖。

會畫界線的話）。至少現在還沒有辦法判別。

因此，海豚哨音可說是變化多端、無窮無盡。如果說沒有兩個哨音會完全相同，但我們又想要研究哨音是否有其含義，那該怎麼合理賦予哨音變化意義呢？過去我曾用過一個有趣的方法，就是將哨音與音樂旋律相互類比。即使我們這些音樂能力不是特別好的人也能辨識曲調，儘管無法說出確切的音符，甚至不能斷定演奏樂曲的調性。這是為什麼？我們似乎能夠辨別音高的起伏模式，而海豚也有類似的能力。早在一九七五年，一位名叫丹尼斯．帕森斯（Denys Parsons）的人就發表了一種僅根據曲調的上下行來分類的方法。他不是用音符（如A、C#等）來表示旋律，而是藉著一個音符到下一個音符的變化方向來表示：音高上升、音高降低或保持不變。這種帕森斯代碼大幅減少了曲調中的訊息——你不可能靠帕森斯代碼來重現曲調本身，但可以由此認出曲調。

人類可以從帕森斯代碼識別出曲調，而驚人的是，海豚似乎

莫札特的作品K265（「小星星」變奏曲）；上方是帕森斯代碼，以（U）表示升高的「上行」（up），（D）表示降低的「下行」（down），（S）表示「相同」（same）。

能辨別兩個略有不同、但有相同帕森斯代碼的哨音。[3]這正好凸顯了一件事：海豚在聽哨音時反應與我們十分類似，也就是會聆聽音高的上行／下行模式，並用這樣的高低起伏來解讀哨音含義。

給自己取名字的動物

那麼，海豚哨音到底有什麼**用途**？其中可能有很多含義，甚至可能會相互混合，正如哨音之間的差異也是漸進而模糊的。但這些哨音肯定具有某種目的，肯定代表了**某件事**。

關於海豚哨音，我們至少可以確定一件事：每隻海豚會發出一種代表牠們自己名字的哨音。

僅僅這一點就很非比尋常了。據目前所知，在自然狀態下地球上沒有其他動物（除了人類和海豚之外）會在日常交流中為自己取名字。沒錯，你是可以教會你家狗兒認出牠自己的名字。也沒錯，許多動物可以透過聲音來辨識不同個體，類似於個體的識別特徵那樣。但是那與發明一串獨特的聲音來指稱自己——也讓其他個體辨認、使用——完全不同，兩者之間有深層而根本上的差異。至少你應該會有一個疑問（儘管我們無法確定這個問題的答案）：這些海豚是否真的將自己理解為個體，與其他海豚有所不同，而且其他海豚也會如此理解這種分際？

這些類似於海豚個別名字的發聲稱為識別哨音（signature whistle），這個領域已累積了幾十年的研究資料。早期研究人員就曾推測這些哨音可能有名字的作用，但花了很長的時間才取得科學界共識，而這也不無道理。畢竟，大家都可能對特殊的主張抱懷疑態度。第一個證據：雖然每隻海豚都會發出各式各樣的聲音，但每個個體都有一種特定的哨音，牠發出這種聲音的頻率比其他個體都來得高——而且這種哨音與其他海豚的哨音截然不同。單就此事本身而言，它並非特別強而有力的證據——鳥類也會各唱各的調；那為何我們就不認為鳥會用歌曲來當**牠們的**名字？另外還有一件有趣的事：研究人員會捕捉佛羅里達州薩拉索塔灣（Sarasota Bay）的野生海豚，為牠們做健康檢查之類的事，所以要暫時將海豚一隻隻隔離開來；這時牠們會一遍又一遍發出各自的識別哨音，彷彿是在呼救，又或者是在提醒群體中其他成員：牠們走散了。許多物種都會展現這類求救呼喊的行為，

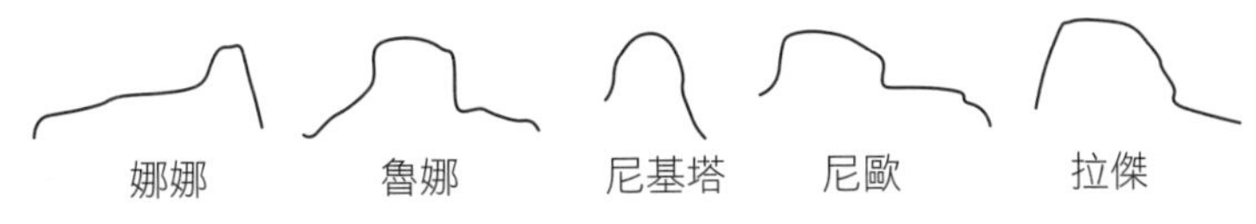

以色列艾拉特（Eilat）海豚礁研究中心（Dolphin Reef research centre）五隻海豚的識別哨音。

但海豚在呼喊時使用的是個體專屬哨音而非一般性的求救聲音，這一點就不尋常了。還有些更有說服力的證據：當母海豚與自己的小孩失散時，母親會用自己的識別哨音來呼喚孩子。成年海豚有時似乎會用自己的識別哨音（跟其他海豚略有不同）來回應朋友的識別哨音，彷彿要確認自己知道是誰在找牠們。在一項研究中，有位研究人員做了一系列出色的實驗：他向海豚播放牠多年未見的另一隻海豚識別哨音的錄音，這時海豚會表現得很興奮。也許最令人信服的證據就來自觀察小海豚如何形成自己獨特的識別哨音，我們從中可以看到，在某種程度上牠們似乎複製了母親的哨音，但同時也想辦法讓自己的哨音有足夠的差異，以利日後區辨。目前，科學界對此頗有把握，在談海豚時，我們確實是在談論一種有自己名字的動物。

至於為什麼海豚在動物中獨樹一幟，竟然會給自己取名字？這就有點難解釋了。但答案勢必與牠們的社會組織有關。海豚有許多不同種類，而目前我們研究得最多的是瓶鼻海豚（Bottlenose Dolphin）和大西洋斑海豚（Atlantic Spotted Dolphin）。這兩種海豚都生活在所謂「分裂融合」（fission-fusion）的群體中：意思是說，雖然一隻個體所屬的大群體可能還算固定的，但這個大群體會有流動性。大群體會分散開來（分裂），然後再重新聚集在一起（融合），然後再次分裂成更小的群體——背後的驅動力常常要看當時有什麼可用資源（包括食物和潛在配偶）。因此，海豚再次碰上過去屬於同一群的某隻海豚時，可能已經過了很長一段時間，再相逢時若能認出之前的夥伴應該是不錯的，因為你們過去可能曾合作無間，又或者你們可能彼此討厭。無論如何，知道誰是誰總是好事。

海豚是非常懂合作的動物，例如為了提高捕魚效率，牠們會聚在一起行動，因此分辨敵友就很重要，有助於保持合作順暢。在這種「分裂融合」的動態關係中，識別哨音具有一定的用途，也許最令人驚訝的用途是近期從一群公海豚身上發現的：牠們四處遊蕩，沒事就騷擾母海豚。[4]這些雄性聯盟似乎是按照位階組織起來的，牠們用自己的識別哨音來宣示自己的所屬群體，以及在當中的位階。那就像海豚既是在宣告自己所屬的幫派，同時也昭告天下這是哪個區域、哪個堂口。若有必要，同一幫的小群公海豚會聚集起來，但牠們不會與其他幫派的公海豚混在一起。這一切似乎都是透過識別哨音協調出來的。

在很多時候都要互助合作的前提下，大家就得知道合作夥伴是誰才行。如果一直是和同一個家族在一起（比如狼群），那麼記住誰是誰並不困難。但當你的腳（或你的鰭）下是一片廣闊海洋，而且所接觸的群體會不斷變化時，那勢必會帶動非常強大的演化力量來讓生物因應需求，從中得出一套清晰、具體的相互辨識方法。這似乎就是海豚演化出識別哨音的原因。還要記住很重要的一點：光是認得出朋友和敵人的哨音還不夠，同時也得知道每個個體都不相同，可能會讓你產生不同的反應。在遇到另一隻動物時，你需要知道如何因應：對方是敵是友？這種複雜的社交智慧與類似資訊的溝通能力密切相關。社會性動物，例如狼、黑猩猩、海豚、鬣狗和其他動物，都必須有識別不同個體並據此做出不同反應的能力，同時還要讓自己得以被識別出來。溝通和社交往往會一再齊頭並進。地球上會使用名字的兩種動物都生活在複雜的社會中，並不是巧合——完全不是；在這些社會中，記住並識別不同的個體有其重要性，是社會有效運作的要件。可以提出的有趣問題是，我們的祖先是否生活在這樣的「分裂融合」的社會中？是否因為有管理、記憶各種個體關係的需求，繼而推動了人類語言的演化？到了本書後面關於黑猩猩和人類的章節，我會再深入討論。

不只是名字

前面討論了很多關於識別哨音的問題，是因為在動物界這件事確實非比尋常。但是海豚發出其他的所有聲音又該怎麼說？牠們的其他哨音呢？畢竟在野外，識別哨音也僅占海豚發音技能的一小部分。到目前為止，我們將所有其他類型的哨音都歸為「非識別哨音」——實在是相當缺乏想像力的命名。而**那些哨音**又代表什麼意思？

不知道。是真的。沒人知道。目前，海豚溝通這個領域對我們而言還有一片非常大的空白要填補，無論是想理解牠們交流中的意義、這些聲音發揮的作用，尚且不得而知。當然，「某一種非識別哨音的意思是什麼？」——這樣的提問很含糊。如前所述，哨音能有無限多種變化。我們很清楚什麼是特定海豚的識別哨音，因為能聽到同一隻海豚一而再、再而三重複某個哨音。但非識別哨音每一次都不盡相同——這是否表示它們是具有不同含義的兩個獨立訊息？或者，兩種哨音都是在表示同一件事，其間差異微不足道？又或者，也許我們對「意義」的理解受限於在自己語言中運用語詞和句子的經驗，但那卻不適合套用於這些哨音，以及其間可能微妙或粗略的差異探討上——這種探索方式對於理解這些哨音不太有幫助。在試圖理解非人類的溝通時，放寬我們對意義的組成形式的想法絕對有必要。

就以兩組聽起來相似但（對我們來說）顯然不同的哨音為例。一種解讀的可能方式：哨音指出兩種不同種類的魚。這是我們人類所習慣用「語詞與句子」的邏輯來看待溝通的傳統方式。一組哨音的意思是「鯖魚」，另一組哨音的意思是「鰛魚」——如果動物語言真有那麼簡單的話，我們老早就破解了！至於另一種解釋是，兩組哨音可能都表示「鯖魚」，但一組暗示：「鯖魚耶！太棒了！」，而另一組則是在說：「哦不，又是鯖魚。」在這個例子中，不同的哨音顯然具有不同的意義，但其中的意義在概念上並非全然不同，只是存在細微差別。下面這樣看起來更合理：動物發聲的情緒狀態至少決定了聲音的部分聲學特性。當然，人類自己也是如此；在我們自己的語言中，不用說至少有些含義就是以情感塑造微妙音調差異來傳達的，甚至還能透過語調的細微變化來完全顛倒句子的意思（「哦！花椰菜晚餐！」vs「哦。花椰菜。晚餐……」）。然而，我們很難視之為清晰明了的語言本質。誠然，這些細微差異會大幅增強我們溝通的豐富性，但即使沒有這些細微差別，仍然可以傳達訊息的整體意義。如果相似但不同的海豚哨音所代表的訊息也具備這類細微差異，我們會稱之為「語言」嗎？第三種可能性：也許海豚根本沒有注意到相似哨音之間的細微差別。也許所有前面所說的哨音（對我們而言顯然略帶差異）其實統統代表同一件事。也許海豚要表示：「嗨，我在這裡！」面對各式各樣非識別哨音的科學家很難判定，上述這三種可能的解釋中哪一個才正確。要解決這個困境，唯一的方法很可能是得去問海豚本尊；關於這一點，稍後會再詳細討論。目前我想先花點時間來探討最後一種可能性。我們是否有點高估了海豚？或許牠們的溝通其實很瑣碎、不值一提？

「嗨，我在這裡」的訊號在群居動物中非常普遍。這些聲音就稱為「聯繫呼叫」（contact call），而且許多物種都會發出這些聲音，幾乎不會間斷；發出聲音唯一的目的是讓其他夥伴知道目前沒什麼事、一切都好。狐獴是種可愛討喜的小動物，一旦習慣了人類的存在——「喀拉哈里狐獴計畫」（Kalahari Meerkat Project）[5]的研究人員每天早上會耐心餵牠們炒蛋，這簡單的策略相當管用——牠們大致就會把人當空氣，只管自己做自己的事。因此，要度過美好的早晨，不妨就躺在地上觀察、聆聽這些過好自己日子的小狐獴。牠們會**不斷**發出聲音。但除非靠得很近，否則就聽不到牠們細微的咕嚕聲。這種背景音令人放鬆又放心——想當然爾，聲音發出的目的正是如此。狐獴把頭伸到地洞裡找蜈蚣時，只要還能聽到附近其他狐獴發出輕柔的咕噥，那便表示周圍沒有掠食者。

狐獴總是很警覺、小心；牠們靠同伴不斷發出的聯繫呼叫來確認周圍環境是否安全。一旦放下戒心，狐獴就會變得頗為友善，就像我在喀拉哈里沙漠遇到的這兩隻一樣。

一群海豚持續發出的哨音是否可能也有這樣的作用？也許這些哨音並沒有什麼奇妙的意義，或深刻的洞見，不過是某種喋喋不休：「我在這裡，沒事，一切都很好，沒什麼要特別注意的。」我敢說這個想法不無道理。當然，無論這些源源不絕的非識別哨音真正的用途為何，它們也可能同時發揮聯繫呼叫的安撫作用。但若說非識別哨音只用來聯繫呼叫，這個解釋又有點牽強，畢竟它們實在太多樣化、太繁複。聯繫呼叫通常是很簡單的聲音，容易發出而且音量也小——只是想讓身邊夥伴放心，並不想提醒附近的掠食者你們在這裡。要確定某種發聲的作用為何，我們可以從聲音由哪裡開始出現變異來尋找線索。例如，我們知道一個群體中不同狐獴的聯繫呼叫會有明顯差異，而不同群體之間的聯繫呼叫也明顯不一樣。這很合理——你可以透過聯繫呼叫得知誰在附近，也能藉此判斷自己是否待在正確的群體裡。然而，海豚的非識別哨音似乎沒有哪一個個體或群體即對應一種特定哨音的現象(不過我們也得承認，目前對此還未進行充足的研究)。這樣說來，不同哨音變化的殊異現象似乎就不僅是個人特質或團體的「主題曲」所能解釋的。海豚的哨音貌似還有更多含義——不只是「嗨，我在這裡」這麼簡單，而它可能也不像一般人類的對話那麼直接了當。

我的學生譚・摩根（Tan Morgan）研究過類似的問題，他試圖探討在不同的社交環境中，海豚是否會優先使用某些**類型**的非識別哨音。我們將哨音分成幾個廣泛的大類，以避免前面提過的漸進式聲音的問題，以及相似哨音可能有相同或不同含義的狀況。因此，我們要檢視的可能便是「音高上升」、「音高下降」，以及「先升後降」這樣的哨音大類。將哨音做出此種區分後，確實就看到了一些端倪：在不同情境中，某些類型的哨音會比其他類型出現得更頻繁，比如牠們在玩耍、與人類互動，或相互追逐的時候。當然，這並不表示某種特定的哨音實際上**意思就是**：「看！我在玩！」不過，將海豚非識別哨音視為反映其大致的心理狀態，或在從事一般活動時發送的概括訊息，總是比直接翻譯成文字來得好，或者也勝過將我們的文字翻成海豚語。

那海豚是不是真的會使用語言？

科學家可能會嚴厲駁斥用生動的方式來描述動物為，尤其是那些讓動物看起來很像人類的描述。我們想相信海豚和人類一樣有自己的語言。若否認這一點，我是不是又太嚴厲了？不過在此之前還有一個問題：我還沒有定義何謂「語言」（而現在我也不會加以定義，還不到時候）。目前，最簡單、同時也較嚴謹的辦法，是將對語言的討論限制在其中特定的部分，而這些部分我們可能會在不同的動物身上看到，也可能看不到。針對海豚的例子，我們可以問：海豚有字彙嗎？牠們相互交流時會使用一套繁複且充滿無限可能的漸進變化哨音，那麼其中是否含有我們可稱之為詞彙（lexicon）的東西？這裡出現了兩難的狀況。一方面，哨音是漸進變化的，因此各種哨音之間沒有明顯的區別。另一方面，我們知道海豚會使用識別哨音，而且確實有清晰明確的含義。以這層意義而言，海豚就擁有了我們已知所有野生動物中最大的詞彙量。但是，當海豚使用不同的聲音，是否能代表牠們有不同的概念？一個哨音是否能代表一個語詞，而另一種哨音即代表另一個？

在思考語言時，我們習慣將其認定為由「語詞」和「句子」所組成，而且這些語詞明確獨立、定義清楚。如果我說「貓」（cat），沒有人會懷疑我講的是一種肉食性動物（也許是家裡養的），也不會認為那是指「蝙蝠」（bat）這種夜間飛行的哺乳類。上面兩個語詞之間有明顯的區別，而且兩者當中不會發生一個逐漸變化為另一個的情況。事實上，在英文中，如果你試著要說出介於「貓」（cat）和「蝙蝠」（bat）之間的字，可能就會發出某種毫無意義的聲音——或可能說出另一種動物，例如「老鼠」（rat）。但請注意，「老鼠」又是另一個不同的類別，絕**非**「介於貓和蝙蝠之間」的東西。就其本質而言，語詞明確獨立而且有清楚的定義。這就是我們心目中所認定的語言的基礎——必須能表達清楚明確的概念，且可以用符號來囊括，也就是字詞。

對海豚而言，不見得如此。儘管識別哨音各不相同，但非識別哨音和其他不同的非識別哨音之間，似乎沒有任何明確的區別——它們會交融在一起，形成一種「相似但不同」的連續體。識別哨音的設計與眾不同：隨著小海豚長大成熟，牠的識別哨音會發展出與周圍海豚明顯不同的模式；但牠的非識別哨音則不然，依舊會維持在持續漸變的狀態。因此，大多數海豚哨音不太可能是我們所理解的語詞。但這也不表示它們沒有意義——甚至不表示牠們沒有語言。不過，這確實代表了，無論牠們到底是用什麼來溝通，我們都無法「翻譯」——像我們在各語種之間從事的那種翻譯，例如將「貓」（或「蝙蝠」或「老鼠」）從英語翻譯成法語（chat）、越南語（mèo）或烏茲別克語（mushuk）。若是將自己限制在既有的語言框架中，認為動物會以我們使用語言的方式來溝通，反而可能錯過動物界一些最複雜的溝通行為。以我們的心智來揣測動物心智是一大難以克服的障礙。在多數動物的情況中（絕對也包括海豚），代表相異概念的不同聲音之間似乎沒有那麼明顯的區別。尤其在探討海豚的溝通時，一定要將這點銘記在心，而在思考其他動物的情形時，也不妨引以為戒。人不能僅因我們發展出一種由不同語詞所構成的語言，就認為其他生物也非得這樣溝通不可。

有趣的是，狼和海豚在演化之路上都由於所處環境的限制因素，不得不使用音高變化的訊號來溝通。牠們身處環境的物理條件不允許其他可能性存在；要是想讓訊息翻山越嶺或破浪而去，這就是唯一的途徑。當然，狼和海豚的社會結構也促成牠們交流方式的演化——生活在海中的章魚也很聰明，但牠們不會發出哨音，看來章魚並沒有這種社交需求。然而，一旦社會性動物發展出適合其環境、也適合其個體之間關係的溝通系統，那麼這套系統便會反過來限制動物的認知演化。正如前文提過的，哨音不太適合用來仔細分門別類，但卻有它的優點（能夠將概括的想法可靠地遠距離傳播），而這就與意義清晰明確的語詞非常不同。由此看來，狼和海豚只能沿著這條早就限制牠們進一步發展認知和溝通能力的演化路徑走下去，就算本來可能有機會發展那兩種能力，現在此路不通了。正如道格拉斯．亞當斯所言，海豚確實不**需要**輪子、紐約和戰爭，但牠們之所以不需要這些東西（只要開心在水裡盡情玩耍就好），是由於海豚社會永遠不會演化到有辦法利用這些珍貴科技的地步。牠們就是沒有字彙。

又或者，我完全弄錯了。或許哨音確實像語詞一樣有意義。真有這樣的可能嗎？

翻譯海豚語

年輕時，我很迷科幻小說家亞瑟．克拉克（Arthur C. Clarke）的小說《海豚島》（*Dolphin Island*）。這本書利用當時（一九六〇和七〇年代）的人企圖理解「海豚語」的熱潮，講述一個遭遇海難、漂流到一座太平洋島嶼的小男孩的故事。島上的科學家正在研發一種電腦裝置，可以讓人理解海豚語，還能對牠們說話。這個裝置是防水的，可以讓人戴在手腕，上面還有一串按鈕：每個按鈕都會傳送一個不同的海豚語「單字」。到了今天，幾十年過去了，我自己投入這方面研究許多年，再看這個故事時，只是覺得情節近乎荒謬，或至少是樂觀得無可救藥。將海豚發出的聲音逐字逐句直接翻譯成英語，或將英語翻譯成海豚語——這樣的想法似乎與過去五十年累積下來、關於海豚溝通的所有知識相違背，何況這種想法本身就散發一股傲慢的人類本位主義的味道。為什麼海豚**就應該有像我們一樣**的語言？難道人類的語言真的是動物溝通時應當依據的模式嗎？顯然我們的科幻小說家克拉克看到了英文中有單字，菲律賓的他加祿語（Tagalog）也有單字，於是便認為海豚語中應該也有單字。

不過在嘲笑這些精采又饒富趣味的科幻小說前，我們應該要問：這類裝置**確定**不可能出現嗎？如今，仍有許多科學家在追求亞瑟．克拉克的夢想——有些算相當嚴謹，有些更偏臆測性質。丹妮絲・赫津（Denise Herzing）在這個領域居於領導地位；過去幾十年來；她一直在巴哈馬群島研究斑海豚。她與團隊共同開發了一種互動式裝置，可以播放水下聲音，也能夠辨識海豚的回應，並將其轉為英文、播放到使用者耳機中。然而，很重要的是——要知道這個研究工具不是與海豚溝通的「翻譯機」。赫津只是用它來訓練海豚辨識出類似哨音的隨機聲音（會先讓海豚受到足夠的訓練），而聲音主要代表的是特定物體——比如「馬尾藻」這種野生海豚喜歡在海中拿來玩的海藻。確實，能夠在自然環境中與海豚交流仍然是一項驚人的突破——既可以告訴牠們事情（「帶馬尾藻過來！」），又可以聽到牠們的反應。但事實上，這跟訓練鸚鵡或黑猩猩理解人類語言沒什麼不同——牠們也都辦得到，表現同樣令人讚嘆，也有其重要性。不過，這並未提供我們了解海豚溝通的直接窗口。至今依然不知道海豚是否有一種特殊的哨音代表「馬尾藻」，只知道能訓練牠們將人所製造的哨音聯想到這個物體。儘管如此，這種學習、理解和回應人類要求的能力仍是海豚認知的一項重要特徵，稍後會再詳加討論。

其他科學家則採取更大膽突破的方法。在今天這個大數據和人工智慧演算法當道的世界，很多人都認為，將任何與資料有關的問題放入運算能力足夠強大的電腦中，再找來適當的機器學習演算法，比方說深度神經網路（deep neural network），那麼問題就能被解決。世界各地有許多團隊正在進行這樣的研究，將大量的錄音檔輸入功能強大的電腦，試圖翻譯海豚（還有座頭鯨）的聲音，以期從中獲得某些洞見。也許最後真的能找出什麼，也可能不會。個人的感覺是，對於任何遠離了動物本身而意圖理解動物溝通的嘗試，我都覺得有些可惜。如果真的存在某種需要我們破解的「密碼」，那麼人工智慧也許能找到答案。但倘若海豚本身不是用代碼交流，若牠們發出的聲音和想要傳達的含義之間就是沒有直接的對應關係，那麼這些大數據機器學習法就不大可能提供太厲害的見解。在我看來，更合理的方法應該是嘗試了解這些動物溝通的本質和背後的原因，這才是我們的任務。只有這麼做，我們才有辦法得知可能存在什麼樣的訊息，以及如何找出來，而不應一味希望獲得類似人類傳遞的那種訊息，拚命埋頭尋找我們自己**想要**找的東西。

在急著栽進翻譯一套溝通系統（也就是迫使其符合人類所用的溝通系統）的嘗試前，我們有必要先確定動物本身所偏好溝通方式的特性，這一點非常重要。例如，我們知道個體身分對海豚來說很要緊；之所以知道這一點，是因為牠們這套獨特的識別哨音系統在整個動物界獨樹一幟，找不到其他能相提並論的系統（當然除了我們人類之外）。關於海豚個體身分為何對牠們的溝通交流這麼重要，我們認為也已經掌握到背後的原因了。因為在浩瀚的海洋中，海豚會和小群體一起生活，但這種群體只是牠們全部「熟人」名單中的一部分。這個星期與一群海豚一起旅行、狩獵，到了下個月或明年，可能又會換成另一群。牠們會不斷改變自己的社交圈，因此認清其他個體的身分——是敵是友，或是陌生人——對海豚來說非常重要。而要做到這一點可沒那麼簡單，不僅需要複雜的溝通方式，還需要複雜的大腦，才能在數年甚至數十年過去後，仍舊記得這麼多的夥伴——可能高達數十隻。我是從來沒做過這樣的測試，可是若發現海豚對名字、臉孔的記憶力比我強（我記憶力算是頗糟糕），那倒也沒什麼好訝異的。除此之外，我們也知道海豚會相互合作。牠們覓食的時候會合作，比方說一起捕魚；也會共同禦敵——不僅合作對抗同物種的成員（例如那些意圖強迫雌性交配的較霸道的公海豚團體），也對抗那些來欺負、騷擾體型較小個體的其他物種（包括其他體型較大的海豚種類）。這種合作很可能是透過溝通來協調彼此的任務——與前一章談到的黃石公園狼群戰鬥並無不同。但是這類互動所需的交流也只比我們在狼群中觀察到的略多一點。到目前為止，我還沒有描述海豚確實**需要**用到語言的情況。

然而，狼和海豚之間仍有一些重要的區別。一方面，狼必須時時保持警戒，注意其他狼群的入侵，以及偶爾要提防灰熊的威脅，但在很大程度上狼都是食物鏈中的頂級掠食者，因此牠們的社會合作主要是針對狩獵、防衛領域，以及照顧幼狼。另一方面，海豚（或至少我們通常會想到的海豚，特別是瓶鼻海豚和斑點海豚）則會受到虎鯨等大型掠食者的威脅。以某些角度而言，把海豚與郊狼類比可能會更貼切，而這種得面對掠食者威脅的情形可能導致牠們的交流愈加複雜。海豚和狼之間還有另一個重要區別：海豚在玩耍時似乎確實很善於溝通。也就是說，狼的遊戲通常高度儀式化並帶有明確的訊號（養狗的人都很熟悉狗兒的鞠躬動作），而海豚的遊戲看起來就相對較多樣化。除了前面提過的泡泡環和馬尾藻遊戲，海豚貌似真的喜歡拿很多東西來玩，過程中會不斷彼此交流。不要以為溝通只是為了「正經」的互動才演化出的結果，那樣想就錯了——事實上，我們在海豚身上看到的複雜溝通系統的主要目的，可能確實是為了促進有趣的互動。玩耍能讓動物對外在世界（例如練習狩獵）和其他動物（例如測試社交互動）做出實驗性的嘗試。動物玩耍的確切益處，以及它之所以如此普遍的原因，可能並不如你最初想像的那麼直接了當；「玩耍很有趣！」這個答案還不夠充分。但是看起來，會進行大量複雜互動的動物（例如狼、海豚、人類）個體間經常一起玩耍應該是可以肯定的。我們不知道是因為玩耍對一個複雜社會來說有其必要，還是因為擁有足夠的腦力形成複雜社會的動物必須經常玩耍，才能保持動物大腦的健康。總之，在一個龐大而複雜的社會群體中，玩耍似乎不可或缺，而且可以帶來具體的好處，幾乎與覓食或防禦一樣重要。

如何向海豚提問？

到目前為止，我一直在提一種海豚行為和溝通的關鍵特徵，但尚未詳加討論，那就是牠們在科學研究中與人類合作的非凡能力（和意願）。也許正因為海豚有這種與人類玩耍的意願，讓我們更加感覺到，牠們那張固定的笑臉背後隱藏著動物本能之外的其他祕密。事實上，海豚能學會我們指示的任務這種能力不僅很了不起，而且也是理解這種動物溝通行為的關鍵；我們從中能探究海豚溝通的內容和動機。

就跟很多人一樣，我對圈養海豚也很反感。將這麼習慣在大海中自由自在生活的聰明生物養在狹小的人造圍欄中，感覺就不大對勁。說實話，就連「動物園」這個概念也讓我感覺不是很舒服，儘管我童年大部分時間都在裡面跑來跑去，而且我毫不懷疑這些時光對我的養成和我未來的職涯非常關鍵。事實上，這一點我們不能忘記。尤其是在西方社會，大多的人基本上終其一生並不會看到多數野生動物在自然棲地中的樣態。對於住在大城市的人來說，頂多就是見到一些鴿子和鳴禽，也許還有奇怪的城市狐狸。動物園儘管有種種缺點，但確實能讓人類見識到某些動物世界的奇觀。現在我去動物園的時候，大部分時間都在觀察人類，尤其是觀察帶著小孩的父母，而不是看其他動物。他們從這次經驗中得到了什麼？有時，家長會趕著孩子從一個圍欄前往下一個圍欄，除了教他們不同的生物名字外，就沒什麼其他好說的了。但經常可以看到小朋友趴在圍欄外，痴迷地盯著裡面的動物，目不轉睛。我認為，在某種不理想的情況下，這還算得上一件正面的結果。

那麼，被圈養起來的海豚又是什麼情形？牠們對自己的處境有何看法？我完全能理解那些鼓吹停止圈養海豚的倡議人士的訴求，但也可以確定一件事：如果真的要圈養海豚，就**必需**讓牠們不斷接受刺激。在公開場合表演跳圈圈，或是用鼻子來平衡球這類娛樂節目，其實對海豚本身的健康非常重要。我一點也不懷疑海豚會更想在大海中自由自在暢游，去到行動不受牆壁限制的地方、盡情在廣闊的水世界中探索。在海中，牠們不僅有隨意探索的能力，還能接收到幾乎無止境的刺激：有魚和其他動物可以觀看或追逐，有需要加以詮釋的聲音，還可以感受海中不同的味道和水流——誰知道對海豚感官來說重要的是什麼呢？但是，如果無法讓海豚自由地在開放海域尋求這些多樣化的刺激，那至少退而求其次，要給牠們一些替代品，讓海豚學著投入新活動、與訓練員進行新的互動，以及表演新把戲。在這種動物那些驚人的天性中，有一部分就是樂於接受刺激和新挑戰，這似乎會讓牠們精神更好。海豚對學習新把戲的熱情很強烈，令人讚嘆。在圈養環境中，訓練絕不會以任何形式的懲罰來完成——只有正向的強化才會發揮作用。畢竟動物大可以停止跟你合作。我並不是說永遠不會有虐待動物的情況發生，只是我所認識和共事過的訓練員都經歷過這樣的雙向過程，海豚學會聽從訓練員的指令達成各種任務，因為這是一種很講求投入而且很刺激的事，能讓無所事事的海豚在這個無聊的環境下有事情做。

但就本書要探討的動物溝通主題而言，海豚行為中這種不尋常的面向帶來兩大問題。首先，我們應該要自問：為什麼這些動物會如此熱衷於合作、學習和玩耍？牠們為何會想來跟人類互動？在圈養環境中，海豚知道有人到池邊、開始準備做一些行為實驗時，牠們會感到興奮，這一點毫無疑問。但就連我在海上做實驗時，野生海豚也會游向我，把牠們的頭伸出水面，好奇地看著我和我的設備。接下來是第二個問題：既然海豚確實很有興趣參與我們的訓練，甚至想參與相應的行為實驗，那麼我們可以怎麼利用野生動物願意合作的這種優勢，藉以探索海豚的心智，甚至是海豚的溝通行為？狼和海豚之間有許多相似處，但在這方面的行為表現卻截然不同。動物園裡的狼絕不主動跟人類合作、參加科學實驗。去問狼一個問題，牠只會坐下來盯著你看。當然，我們還是可以做實驗，例如播放一種特定的狼嚎聲，看看狼會有哪些反應——轉身面對音響、發出嚎叫回應、忽略不理等等。但我們很少有機會直接問狼：「這是什麼？」

早在一九八〇年代，夏威夷的科學家就訓練海豚配合人類做實驗，最後的成果即使以今天的標準看，也相當驚人且非同小可。例如，在訓練海豚辨識手勢所代表的物體（比方說「跳圈」）後，牠們就能回答關於物體的問題，即使現場並沒有放那件東西也一樣。被問到：「泳池裡有跳圈嗎？」這個問題後，名叫阿凱（Ake）的海豚懂得透過按壓不同按鈕來回答「是」或「否」。[6]當然，光是從動物認知和語言的角度來看，這項發現就非常有趣，因為很

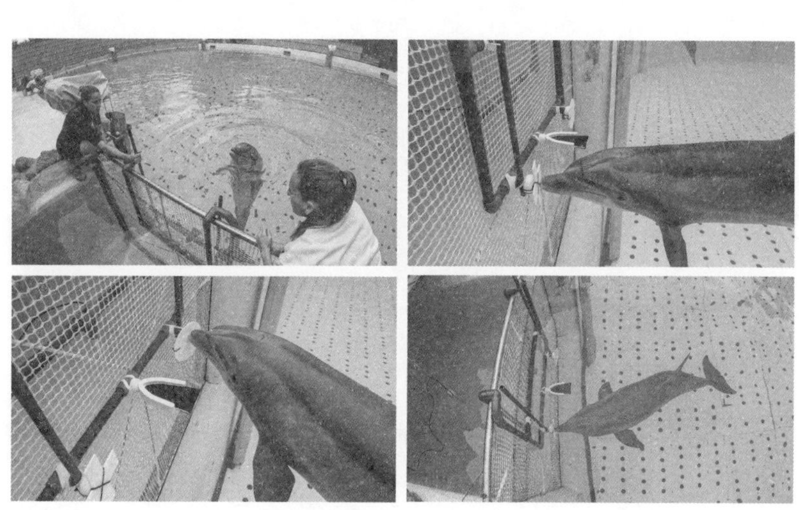

一種向海豚播放不同聲音的實驗裝置，之後會要求牠們選擇聲音是「相同」還是「不同」。

少有動物能談論現場不存在的東西。同樣讓我感興趣的是，阿凱竟然會參與這個實驗。在研究動物溝通時，我多半時間是用來分析動物在野外獨處時所發出的聲音。做這些實驗——在過程中能向動物提問的實驗——是例外，而不是常態。

海豚似乎很熱衷參與這類實驗。在經過一些訓練後，牠們也了解到實驗者的要求，接著我們針對海豚能理解和不能理解的範圍，幾乎能無止境測試下去。我和同事莎拉・托雷斯－奧爾蒂斯（Sara Torres-Ortiz）、安琪拉・達索正在訓練兩隻人工圈養的海豚，一隻叫阿基里斯（Achilles），另一隻是尤里西斯（Ulysses）。我們希望能從牠們身上得到一些答案，以解開研究海豚交流時遇到的最大難題。兩個相似的哨音之間到底有什麼差別？兩者基本上其實是一樣的嗎？還是帶有不同的意義？換作其他物種，我們就不可能如此深入研究動物對牠們自己的溝通有怎樣的感知方式。

為什麼海豚如此積極、熱衷於和科學研究者合作？牠們顯然不明白我們這麼做的企圖與動機，而我認為答案就在牠們本身的語言能力。在下一章，我們會談談一個非常相似的現象——科學家也訓練鸚鵡直接回答問題。儘管大多數人並不認為這兩個物種實際上擁有且會使用一套語言，但在某種程度上，可以說牠們擁有語言潛能，這讓我們和牠們之間多多少少能夠互通意念。要理解相同／不同、存在／不存在等概念，甚至「動詞搭配名詞」這種組合（比如「帶球過來！」與「帶跳圈過來！」等指令），並不需要具備寫劇本或談論天氣的能力。也許在海豚研究中，最重要的發現並非牠們能做些什麼（儘管那也相當了不起），而是牠們竟能在沒有一套自己的語言的情況下做到這些事。海豚的腦中顯然有些什麼，讓牠們掌握到我們認為本質上應當是語言的概念，例如「帶球過來」與「帶跳圈過來」的指令聽起來儘管相似但卻不同。又或者，「把球帶到跳圈旁邊」與「把跳圈帶到球旁邊」——要辨別兩者，語詞排序就很重要。這些看起來幾乎是人類智力的範疇——但當然了，這是因為我們在海豚身上看到的語言能力在動物界非常罕見。還不僅如此，海豚本身似乎也認識到與人類物種之間存在這種共通性。牠們會參與和合作就很自然了，因為我們利用的正是人與海豚之間共有的機制和互動方式，而這也是牠們與自己其他同類成員溝通的方式。

那麼，海豚到底有沒有語言？牠們確實有呼喚彼此名字的不尋常能力，這也表示海豚能使用符號來代表物件（個體），甚至是不在現場的物件。這是語言的一項基本特徵——能夠再現想法，並將其傳達給其他個體。好的，海豚得一分。然而就目前所知，除了識別哨音之外，牠們似乎不會用那些哨音來代表物件。此外，牠們的哨音並不那麼適合用來代表不同的概念。研究人員會繼續研究海豚哨音中的訊息內容，也許日後將發現更多象徵性的再現實例。在訓練海豚時，我們發現牠們**能**將特定的哨音與特定物體聯想在一起，希望將來能釐清牠們是否**真的**會建立這種連結。

海豚似乎非常特別。你可能會認為牠們太特殊了，所以我們無法從牠們身上得知太多其他動物溝通方式的奧祕，以及動物溝通和語言演化的方式。你可能會想，也許海豚**太**不尋常、太獨特，因此我們從牠們身上得不到真正有普遍性的結論？但海豚其實一點也不特別。我們所看到的一切——牠們理解我們指令的神奇能力、牠們是動物界中獨特的為個體命名的案例、牠們那持續不斷的複雜發聲——都與海豚的生活方式相互吻合。這些事不在意料之外。生活在這麼龐大的群體裡，又要在其中進行複雜的互動交流，動物勢必得要能指稱其他個體、區分不同物體，以及來回傳遞消息。海豚的交流不是為了我們人類的利益而存在。從牠們的生活方式來看，也不可能有另外的發展路徑。更正確的說法是，隨著現代海豚的祖先一步步演化並適應海中生活，牠們要能成功覓食又得躲避可怕的大型掠食者，這些條件確實代表著可能有進一步開發能力的機會——但前提是你得夠聰明、願意合作，而且善於溝通。經過一代又一代，那些逐步利用這種機會的動物個體就變得更聰明、更懂得合作，而且必然更善於溝通。海豚現在的樣子只是反映了牠們祖先為了存活而需具備的條件。

那這是否意味著海豚在某種程度上，也走了我們祖先的演化之路——生活在更大、更複雜的群體中，也會演化出更複雜的大腦及更繁複的溝通方式，最終成為有輪子、紐約和戰爭的現代人類？我們很容易做出這樣的推論，但事實絕非如此。海豚（或任何其他物種）不會「走上」成為人類的道路。我們在這個世界上生存適應，尤其是我們的語言能力，並不是其他物種正在「努力」的目標。事實上，我們的祖先也沒有努力要成為現代人類，他們只是在適應，並做出改變，要成為當下最適合生存的樣子。海豚需要足夠的溝通才能相互合作、捕魚、覓食和保護自己。觀察海豚在野外的生活方式之後，我們可以有把握地說：牠們並沒有真正的語言——原因正是因為牠們**沒有**道格拉斯．亞當斯指出的那些進步科技。但這當中的邏輯可能與你之前的想法相反，海豚絕對不是因為沒有語言而打造不出機器。牠們沒有語言，是因為牠們不需要造機器。這就是本書的重點。我們得考慮動物**需要**什麼，而不是我們一心想著牠們有些什麼。完全不是這樣，海豚早就把自己的日子過得很好。牠們的智力水準和溝通能力很符合海豚眼下的需求，這不是什麼宏偉計畫的一部分，所以海豚不能像我們一樣說話。但至少在水裡嬉戲的牠們玩得很開心。

第三章　鸚鵡

房間的另一頭好像有什麼在看著你。一雙眼睛（儘管很小）似乎在打量、端詳你，同時也消化著其所蒐集到的資訊。接著是一陣羽毛抖動——當羽毛豎起時，這隻小生物的頸部也膨脹起來，牠開始上上下下點著頭，像在跳舞一樣。我們很習慣動物以這種方式與我們交流：打量、展示自己（也許帶了點威脅的意圖），或至少在你面前宣示主權。不過，這隻鳥張開了嘴：

「你要乖，我愛你。明天見。」

剛剛是怎麼回事？鳥兒可以在不理解意義的情況下，模仿人類說話的聲音，這是否只是一種巧妙的模仿技巧？還是說，這不僅僅是語音的模仿，而是真正的**溝通**，而且鳥兒也知道自己在說什麼？若是如此，那麼我們就發現了人類和動物之間共享的某種基本共同點——從中我們能得知語言是什麼，又是從何而來。事實上，上面那些話是鸚鵡亞

歷克斯著名的遺言，在這一章我們還會提到更多關於牠的事蹟。

鸚鵡是何方神聖？

在我們的故事中，各種鸚鵡都扮演了重要角色。每當我們思考有哪些動物「像人類」這個的問題時，首先便會想到鸚鵡，另外也會想到黑猩猩和海豚。但鸚鵡和我們其實是天差地別：生活方式不同；感知世界的方式也不同（隨便拿一點來說，牠們是從高處俯視我們）；甚至連體型也不同。一個比人類小這麼多的生物，又長了這麼一顆小腦袋，怎麼可能擁有我們引以為傲、絕無僅有的智能——有辦法操縱物體、打造工具、解謎，甚至可能還會說話？為什麼這種鳥在本書中值得占一席之地，在一部以哺乳類為主的著作中特別要為牠們寫一章？

在大眾的想像中，哺乳類似乎獨占動物界中的「高智力區」，但這裡就有個例外。每當我們思考哪些鳥兒很聰明時，鸚鵡和烏鴉等禽類多半會先脫穎而出。烏鴉在解決問題、打造工具這些方面確實令人印象深刻。在伊索寓言中，一隻烏鴉無法喝到水罐裡的水，於是不斷往水罐裡放石頭，直至水位升高到牠喝得了水為止。在現實世界，烏鴉確實辦得到這件事，而且也懂得將木條塑形，做成抓昆蟲的工具，甚至還莫名展現出對自然法則的理解——牠們會困惑地注視懸掛在半空中的圖片好一陣子，比看著放在桌上的圖片還要久得多。但鸚鵡這種動物不僅像烏鴉或許多哺乳類一樣聰明，牠們還具有高度的溝通能力。看起來，鸚鵡也走上了將智力和溝通結合在一起的演化路線，類似於我們祖先那樣。

然而，多數人對這種鳥的認識僅限於那些關在籠子裡的「鸚鵡界代表」。牠們能夠模仿人聲（通常是以髒話冒犯來訪我們家的親戚），也會很友善地站在我們肩上（或海盜的肩上），而且壽命又長。有前述這些特性的牠們看起來確實散發著某種靈光，那就好似源自於鳥兒內在尚未開發的能力。但我們很少將鸚鵡視為一種成熟、精明的生物——擁有自己內在的精神活動、懂得評估外在世界，並規畫出能達致最佳效果的行動。最重要的是，我們很少看到牠們成群結隊。一隻單獨飼養在人類家中的和尚鸚鵡無論享有多麼好的對待和娛樂，牠永遠都無法發揮身上的全部潛能；只有到了野外，鳥兒才有大展身手的機會，能發揮自身能力來應對世界的挑戰。最關鍵的一點是，一隻孤鳥永遠不會展現出野外求生必須用到的有趣出色的聲音技巧。這些聲音有助於尋找和獲取食物、躲避掠食者，以及撫養幼鳥。幼鳥在長大過程中也得學習當一隻成功的鸚鵡該具備的所有技巧——包括如何與其他鸚鵡溝通。

奇怪的是，連科學家也不是很清楚鸚鵡為什麼會這麼聰明。就連牠們是怎麼變成鳥界的善於談話者，至今依舊是演化上的謎團。我們可以從一些概括性的描述開始著手。在野外，鸚鵡必須群居在一起才能存活，群體數量通常會達到數百隻——當然，群體生活會促成複雜的交流方式。牠們的食物選項很多元，但都很稀少，其中包括不同種類的野果、堅果和種子，這些食物的成熟時機可能難以預料，而且不會同步。一般來說，植物的演化是為了鼓勵動物吞下整顆種子，繼而帶到很遠的地方排出來，接著便在那裡發芽、生長。然而，鸚鵡卻很喜歡把種子弄破，好吞食其中的營養成分——這就和植物的利益產生衝突了。因此，種子和堅果通常會充滿毒素（濃度隨著種子成熟的程度而有所變化），或者外面會覆有硬殼，以阻止鸚鵡這種行為。這樣一來，鸚鵡的食物或外觀類似鸚鵡食物的東西就可能有毒；又或者是在錯誤的時間吃下肚，會導致鸚鵡中毒；再不然，可能需要一些複雜的技巧才能讓牠們獲得可食用的部分；這也表示，鸚鵡得要學習和記住覓食技巧才行。鸚鵡經常得面臨這類挑戰，不過牠們已演化出特殊的方式來解決問題，也因此發展出在其他鳥類身上從未聽聞過的複雜溝通方式。在某種程度上，鸚鵡的交流方式與那些為人類語言奠定基礎的哺乳類的交流很相似。因此，鸚鵡會是我們了解語言演化過程與成因的另一個關鍵。

鸚鵡亞歷克斯：世界上最會說話的動物

亞歷克斯是隻非洲灰鸚鵡，在鳥界的名聲響亮，事實上，在整個動物行為學界牠都是萬眾矚目的焦點。在一九九〇年代和二〇〇〇年代初期，牠在艾琳・佩珀伯格（Irene Pepperberg）教授的實驗室裡工作，不僅學會說人類的詞語，而且似乎還懂得詞語該怎麼使用、組合，也理解了不同的組合就表示不同的含義。牠似乎發展出一種微妙、類似語言上的理解。[1]換句話說，牠學會了說話。

科學家研究動物溝通這麼多年，何以最接近「與人類直接對話」的動物竟不是黑猩猩或海豚，而是一隻鳥？這一點依然讓人匪夷所思。是什麼賦予了鸚鵡（或者說尤其亞歷克斯所屬的非洲灰鸚鵡這物種；又或者只有亞歷克斯這隻特定的鸚鵡）這種使用語言結構的不可思議能力，而且那還遠遠超過目前已知所有其他物種的能力？

非洲灰鸚鵡的體型中等，算是壽命較長的一種鸚鵡：在圈養狀態下壽命可達六十年；即使在野外，也能存活到二十五歲左右。這些令人印象深刻的動物在寵物市場上炙手可熱——模仿人類語言的神奇能力令這種鳥兒大受歡迎，於是盜獵者也想方設法捕捉，再到寵物貿易市場上賺取巨額利潤。目前這種鸚鵡在野外已經瀕臨滅絕。多數時候，鸚鵡只是在模仿人聲，遠遠不及亞歷克斯能使用、理解語詞的能力。不過這就是重點。複製環境音的能力似乎是所有野生非洲灰鸚鵡所共有的，可惜牠們的原生自然棲地相對偏遠，難以前往，很少有科學家能用足夠的時間深入非洲中部茂密的叢林，好好仔細研究這些野生鳥類。[2]因此，我們對這個物種何以演化出此等卓越的模仿能力——事實上超越了單純的模仿——仍只有粗淺的認識。不過，可以確定在這個鳥類群體的演化過程中，發生了一些事，由此奠定了牠們理解語詞及組合語詞的基礎。某些來自牠們所在環境——可能是物理性、生物性或社會性的——條件，為牠們打下發展出接近語言能力的基礎。如果想要理解我們如何演化出自己的語言，那就必須先了解鸚鵡。

當亞歷克斯說出「明天見」時，我們要如何確定牠真的**理解**自己在說什麼，而不是精湛地模仿牠所聽到的人聲？鳥兒不僅僅是在使用文字的聲音，還懂得按照其意義來使用這些字詞——這種主張非同小可。亞歷克斯在實驗中的行為透露出一些線索，或許有助於我們探討這個問題。比方說，給牠看一個托盤，上面擺著不同顏色、形狀和材質的各式物品，然後問牠問題——例如「有多少個紅色方塊？」或「有多少個紅色的？」，甚至於「有多少木頭的？」牠會回答：「兩個！」，或物品當下的實際數量。在這類問答中，光用猜的不可能得到太好的結果。亞歷克斯使用語詞的方式也很特別，縱使在我們看來理所當然，但在其他物種身上前所未見：牠會用物品的名稱來索求該物品——「想要香蕉」（如果給牠的東西不是香蕉，牠就會發脾氣）。這些觀察結果是強烈的跡象，說明亞歷克斯學到的不是字詞與實物的**關聯**，而是它們的**意思**。最神奇的是，給牠照鏡子時，亞歷克斯問了艾琳經常問牠的問題：「什麼顏色？」——灰鸚鵡亞歷克斯就是這樣學會「灰色」這個詞的。這是文獻中唯一記載過非人類直接提問的案例。

為什麼灰鸚鵡亞歷克斯會做這些事？為什麼動物會發展出這樣的能力？這個問題很耐人尋思，也饒富趣味。畢竟，野外的鸚鵡是不會說英語的——如果沒有人跟牠交談的話，鸚鵡哪可能平白無故演化出這種能力？答案正如艾琳·佩珀伯格所說，是她的實驗引致「鳥類系統的逆境反應」——因此鳥兒展現出動物的能力極限，哪怕在日常生活中並不會將自己推到這樣的極限。單從這一點來看，生物學家應該不致於太驚訝。在自然界，並非所有特徵和行為都是為了適應而演化出來。有時，一種特徵的演化（比如鸚鵡身上的羽毛）是基於某個目的（最初恐龍演化出羽毛是為了保暖），但那也連帶演化出滿足另一個目的（飛行）的可能性。因此，即使動物實際上不會說話，但光是能表現出清晰的**類**語言行為，就足以看作我們在探討語言本質、起源，以及其他物種具有多少「語言性」這條追尋之路上的關鍵證據。至少可以這麼說，這隻非洲灰鸚鵡體內某個地方，藏有發展出語言所必備的核心條件。也許此說法還太過委婉；亞歷克斯可能很出色，但牠不太可能是難得的「超級鸚鵡」。牠的基本能力很可能是這個物種中其他個體也都具備的。

複製和理解的差別

亞歷克斯溝通能力中真正獨特之處在於牠似乎學會了**指涉**（refer）事物——而不只是將某個物品與任意的標籤或獨特的聲音直接連結或聯想（associate）在一起。科學家特意將這兩個看似雷同的概念區分開來，而且是基於充分的理由。指涉能力（而非僅僅聯想）很可能就是人之所以有語言能力，背後的核心認知技能。基本上，這兩者的最大區別在於一邊是無意識的自動反應，另一邊則是能將物品抽象化的心智概念。你給嬰兒看一張小狗的照片，同時說出：「小狗！」，他們最初只會形成聲音與特定圖片間單純的連結。但不用過多久，小朋友就會明白，這個語音標籤指的是所有的狗，包含活生生的動物，以及有狗的圖片，同時也可以指「狗」這個概念，而不只是在說特定某一隻的動物。這是對某個「標籤」所代表抽象含義的理解，而這種認知能力在其他物種當中相當罕見。

試想在籠子裡有一隻老鼠，還有一個藍色按鈕和一個紅色按鈕。每次老鼠按下藍色按鈕，就會有食物自動出現；但牠按下紅色按鈕時，則什麼事也不會發生。很快，老鼠就會知道按下藍色按鈕表示會有食物出現。這種實驗位居過去動物行為研究的核心，儘管今天在檢視動物行為時，通常會選在較為自然的環境中進行，但這類大家所熟知的「操作性條件反射」（operant conditioning）通常被認為足以說明動物學習的極限到哪裡。動物可以學會將某些刺激與結果聯想在一起，但這種學習比較接近囫圇吞棗的死記硬背：牠們不需要**理解**其中的關聯。真要說的話，我們可以教各種生物將刺激與結果聯想在一起，從蝸牛到金魚都學得會。我們不相信心智簡單的動物能真正理解藍色按鈕和食物出現之間的關係。

但人類不一樣，我們所做的事情遠不僅如此。我們有辦法**理解**，而不只是一種自動化的聯想。試想，換成是你被關在同一個籠子裡，很快你也學得會要按藍色按鈕來獲得食物。但你的思考過程與老鼠有何不同——如果真的存在差別的話？從直覺判斷，兩者之間顯然**有差**，儘管很難說清楚背後的原因。你會有種想法，認為藍色就代表食物——不僅僅是將顏色和結果相互聯想。如果這時我問你：「藍色對你來說代表什麼意思？」你一定會回答：「代表晚餐時間到了。」我們稱之為「指涉」：藍色指的就是食物，因為這是一種內在心智概念——一種我們可以感受和表達的內在心理狀態，而我們相信這種狀態也存在於其他人類腦中（儘管這一點永遠無法完全確定）。我們會意識到自己有所掌握，而不是出於「如果做了A，就會得到B」的反應。就好比我們（可能會）將藍色聯想到野餐和陽光明媚的好天氣，又或是海洋和寧靜，藍色造成的刺激會喚起一連串的內在心理狀態——這種心理活動比我們認為蝸牛身上會有的還要多。除此之外，我們知道若「藍色」指的就是食物，那就能使用相同的「藍色」標籤來與他人溝通食物方面的訊息——向他們索取或提供食物。這就是為什麼「指涉」能力絕對位居我們理解語言的核心。但我們真的能確定老鼠缺乏類似的概念嗎？我們能否確認老鼠僅僅是對食物相關的刺激有所反應，而非認為這種刺激**指的就是**食物？這麼說吧，要回答此問題不容易。我們很難證明老鼠沒有這樣的指涉概念，因為想得到答案最直接的方法是去問老鼠。如果我們想知道某個人類對某件事是否具有內在心智概念，只管提問就好——但想也知道，動物並不會說話……

要解決這道難題，我們可以把動物是否有指涉能力的問題倒過來想。要是牠們真的有，那我們期望會有怎樣的結果？多數科學家認為指涉能力對於語言至關重要，畢竟語言（也就是我們所知道的人類語言）會涉及大量的抽象概念。我可以用語言談論獨角獸和駿鷹之類的幻想奇獸，或者想像自己若中了樂透會做些什麼。我也可以談論一些目前不在場、但簡單且具體的概念，好比說我留在抽屜裡的鑰匙。有可能的情況是，指涉和抽象思考是同時並進的。鑰匙不在這裡，但我的話（和想法）都指向它。因此，若動物有辦法使用這類抽象的語言結構，那就可以合理推測：牠們勢必具備基本的指涉能力。使用某種語言會是很好的指標，足以顯示動物的腦中到底在想什麼。如果一隻動物個體能用抽象方式談論顏色，那麼就可以推測（無法證明——我們永遠無法證明另一個個體在想什麼）牠們也會對食物按鈕的顏色產生指涉性的理解。牠們不光是像海綿或水母那樣，自動對所在處周遭的水中動靜做出反應——往食物的方向移動，或射出引發疼痛的刺。要是某隻動物**真的**懂得運用抽象的語言結構，那就表示這隻動物具有基本的認知結構，藉此能發展出關鍵的語言特徵。最起碼，牠們具備了語言能力的演化基礎。那麼，我們到底發現了什麼？鸚鵡亞歷克斯能幫助我們回答其中某一些問題嗎？

我們需要借助一些巧妙的實驗才行。如果我給一隻動物看一盤放著顏色各異的不同物體，然後問：「哪個是藍色的？」這時牠若選出了藍色的物體，你一定會感到不可思議。這隻動物顯然「理解」你的指令，顯然也辨識得出什麼是藍色、什麼不是。但牠明白藍色**是**什麼嗎？關於這一點，說服力就有點欠缺了。也許牠聽到「藍色」的聲音時，會自動去啄一個有特定顏色的物體，只是將聲音與視覺刺激**聯想**在一起。在動物世界我們會發現很多將刺激（例如顏色）與特定反應相互連結的例子。當蒼蠅拍靠近時，蒼蠅就會飛向空中。甚至連植物也會向光生長（儘管我們通常不認為植物本身會「思考」）。可想而知，掌握了這種聯想的能力，在演化上會有好處，尤其若美食與各種不同顏色有所關聯，而群體中其他成員也會相互通報四周食物的資訊，更是如此。假設我是隻鸚鵡，用鸚鵡的叫聲喊出「藍色！」，這時我全家人就都知道藍莓成熟了。即使如此，這也不見得牽涉到個體對顏色的理解。不能說是指涉。鸚鵡聽到「藍色！」的時候，可能不僅僅表現出自動反應。但這件事要如何檢驗？佩珀伯格的一大創舉就是設計出一套實驗，以此繞過這看似無法克服的障礙——探向動物的心智，並從中分辨「思考」和「制約」。（當然，功勞只有部分歸於艾琳的技巧，要是沒有亞歷克斯，其他都是白搭。）她的一大突破是提出完全不同的問題。給鸚鵡一次看兩個物體，例如一個藍色三角形和一個紅色三角形；或者一個藍色三角形和一個藍色正方形，接著問亞歷克斯：「有什麼不同？」我們知道，第一個問題的答案：「顏色不同。」第二個問題的答案：「形狀不同。」請注意，這種問題絕非光靠聯想就能回答。除非動物能熟記兩種不同顏色和形狀的物體的每一種組合，以及相應的正確答案，否則要能正確回答，唯一的方法就是理解「顏色」這種抽象概念與另一個「形狀」的抽象概念並不相同。

亞歷克斯做到了。事實上，牠還非常擅長回答這類問題。[3]亞歷克斯可以區分不同顏色的物體、不同的形狀，甚至能區分不同材質，還會用言語給出答案。牠會使用「顏色」和「形狀」等語詞來指出一堆物體抽象概念上的差異。幾乎毫無疑問，亞歷克斯這隻鸚鵡（乃至於所有灰鸚鵡）具備了發展出語言能力的基本條件和語言的基礎，即「指涉」概念。但到底為什麼一隻小鳥會有這麼強大的語言能力？縱然在人為施加的壓力下，鸚鵡亞歷克斯能展現出令人刮目相看的語言能力，但為什麼野外的灰鸚鵡不會用自己的語言盡情暢聊呢？換句話說，為什麼鸚鵡會有這種能力？又是為什麼牠們沒有演化出真正的語言？

鸚鵡發出的聲音

由於灰鸚鵡真正的家園位於人類難以到達的環境，牠們在野外的緊密族群中是如何生活，我們大多都不知道。但這些可愛的鳥兒在圈養環境中也能茁壯成長，而且若是飼養在夠大的鳥舍、有足量的同伴，多少也可以反映出牠們在野生狀態下的行為。我曾經很幸運能前往特內里費（Tenerife）鸚鵡公園動物園（Loro Parque Zoo）做研究，那裡養了一大群非洲灰鸚鵡，算是當時世界上最大的人工飼養群落。在那裡，莎拉．托雷斯–

奧爾蒂斯和其他科學家投入鸚鵡學習方式的研究——不僅是非洲灰鸚鵡，還有紅額和尚鸚鵡、藍黃金剛鸚鵡，以及體型巨大、聲音沙啞的大綠金剛鸚鵡。他們面對鳥舍的實驗室經常被震耳欲聾的尖叫聲淹沒——還好實驗室人員有降噪耳機可戴，才能無礙地在當中行走。在這些吵鬧、憤怒的鸚鵡之中——牠們大多討厭人類在牠們的籠子裡走動——非洲灰鸚鵡多半是靜靜坐著觀察每個個體，再仔細發出聲音。灰鸚鵡是學習實驗中最重要、也最有趣的對象。就跟亞歷克斯一樣，實驗者會將牠們置於一個放著不同形狀物體的盒子前面，鳥兒接受的訓練是要挑出與訓練師所展示的形狀相符的物體。無論是用何種顏色、形狀和材質，牠們都能快速掌握訓練師的要求，並將正確的物體與其所展示的物體配對。說牠們「思慮周詳」似乎太過擬人化，但又相當貼切。有人接近金剛鸚鵡的鳥舍時，牠們會放聲尖叫、飛上樹枝，但灰鸚鵡卻會來到籠子前方左右擺頭，有還時會水平轉動頭部，好從各個角度打量你。牠們似乎在想：「現在是什麼最新情況？」在牠們那圓圓小眼的後方，似乎藏有某種模糊的智慧，這件事很令人震撼，不禁讓人想問：這些動物是否會互相說話？牠們在談**什麼**？又為什麼要說話？這會帶來什麼利於生存的益處嗎？

若你靜靜坐在那裡觀察某群灰鸚鵡，沒多久就會注意到一些事情：這是氣氛相當悠鬧的鳥群。如果你曾觀察過前去庭院餵食器的小鳥，就會知道牠們會不斷移動、不停換位置。一隻鳥停在樹稍，另一隻鳥來了、落在同一根樹枝上，便將第一隻鳥給趕走。這種「置換」（displacement）是鳥類社會行為中的一大重點，科學家會以置換行為來衡量個體之間的社會優勢關係。優勢個體會不斷將其他動物從棲息處趕走——這是牠們建立自身優勢地位的方式。不過灰鸚鵡過的生活相對輕鬆平和。一隻鸚鵡落在同一根樹枝上時，會引起其他個體的興趣，讓牠轉頭觀察打量新來者，就類似我人走到實驗室鳥舍時引發的反應，鳥兒不會立即飛走。當然，鸚鵡世界也並非總是充滿愛與和平——有時，新來的會較為強勢，可能在枝條上一點一點橫向移動，直到將原來的鳥從樹枝上推下去為止。但灰鸚鵡之間的社會優勢關係似乎和其他物種不太一樣，鳥兒並非透過追逐、衝撞來建立自身的地位。例如，在餵食的時候，一隻正在咬葡萄的鳥經常會遇到另一隻鳥想來分一杯羹的狀況，新來的這隻會輕咬第一隻鳥的嘴喙，小心翼翼品嚐一些分

在實驗室打量人的非洲灰鸚鵡。

來的葡萄。這種互動在動物中除了配偶間以外並不常見——雖然不常見，但也非聞所未聞。黑猩猩同樣會做出手勢，要求同伴分享一些食物；幼狼會舔成年狼的下巴，盼望牠們回吐一些食物出來。希望讀者別忘了這些截然不同的物種間都有的共同點：一個對所有成員都有好處的穩定、複雜的社會結構，會在衝突機率降到最低時，運作得最好。群體生活中，會有某件事讓社會之輪平穩運轉，而那一定是某種形式的溝通。

非洲灰鸚鵡的第二個特點是牠們有兩種不同的聲音：嘎嘎聲和哨音。第一種叫聲是典型的鸚鵡叫聲。誠然，灰鸚鵡的叫聲不像附近鳥舍的和尚鸚鵡和金剛鸚鵡那麼激昂，但這是一種獨特的聲音，無疑與鸚鵡的交流有關。鸚鵡嘎嘎叫是在發出警告，可能是遇到危險，或只是想引起其他同伴對環境中值得留心的事物的注意力。嘎嘎叫是一種響亮、刺耳的聲音，與我們前面所看過的頻譜圖不一樣，鸚鵡這種叫聲不像鋼琴上的一個按鍵那樣只對應到一種頻率，而比較類似某個小朋友同時敲下他所能敲的最多琴鍵的狀況。這些聲音很快就會引來注意力——但除了「嘿！」之外，並沒有包含太多其他訊息。

每個人都聽過鸚鵡的嘎嘎叫——就是那聲「啊！」在牠發出「八塊！」或「波莉想要一塊餅乾！」之類的聲音前，鸚鵡會先發出這樣的叫聲。嘎嘎叫可能相當複雜——我們認為，有些鸚鵡可能會依據這種聲音裡的細微殊異來辨識個體身分。但那仍只能算是粗糙的樂器。在鸚鵡的發聲能力中，令我們印象最深刻的（也是我們這段探索旅程中的一大重點），還是牠們模仿其他各式各樣聲音的能力。之前已經提過亞歷克斯會怎麼模仿艾琳和她的團隊所講的話，而報紙上不時會興沖沖報導動物園鸚鵡從遊客那裡學到一連串髒話而被移出展示區的消息。這種模仿聲音的不可思議能力到底從何而來？鸚鵡為什麼要這麼做？關於這些問題，唯有在自然環境中觀察鸚鵡的互動才有辦法得到線索。

鸚鵡嘎嘎叫的頻譜圖，緊接著是較為人熟悉的鸚鵡哨音。嘎嘎叫同時包含多個頻率，相較下哨音是簡單的上下起伏的音符。

我們的非洲灰鸚鵡群一直在發出聲音，會規律地嘎嘎叫，偶爾發出哨音。這些嘎嘎叫很可能是種「聯繫呼叫」——只是要表達：「我在這裡，目前沒事，一切都好。」四處迴盪鸚鵡叫聲的森林會是非常吵的空間，而嘎嘎叫並非在這些噪音中傳遞訊息的理想方式。不過如前面幾章所提到的，音調性的聲音（如哨音）可以穿透噪音，傳送到很遠的距離外，同時還可以承載大量資訊。因此，這些哨音可能是有趣的發聲方面研究題材。不過鸚鵡在發出哨音時，也會展現出非常不同的行為模式。通常，一隻鳥蹲踞枝頭會不時發出哨音，大多是一遍又一遍重複同一種哨音，就像有人習慣哼唱喜歡的歌調那樣。我們開始按照每隻鸚鵡發出的獨特哨音來為牠們命名：這隻是「呃哦」（Uh-Oh），那隻是「嗚唬」（Woohoo）。雖然聽起來這與上一章提到的海豚簽名哨音很類似，但個別的鸚鵡實際上似乎並沒有專用的特定哨音，只是某段時間牠們會鍾情於某種哨音（有點類似我們平常碰上那種耳朵裡揮之不去的聲音）。之後隨著新鮮感流失，鸚鵡就會改為發出另一種哨音。

但即使哨音本身不代表牠們的名字，卻仍然可以傳達有用的訊息。哨音是一種複雜的聲音，在發聲上可能比嘎嘎叫更有難度，而且必定更難每次都發出幾乎完全相同的聲音，並保持一定的規律性。因此，這樣的哨音可以當成一種訊號，展現出一隻鸚鵡在認知和身體條件上達到了一定的複雜度。哨音愈複雜、有規律，你就愈有吸引力。這些訊號很常被用作鸚鵡在群體中展現優

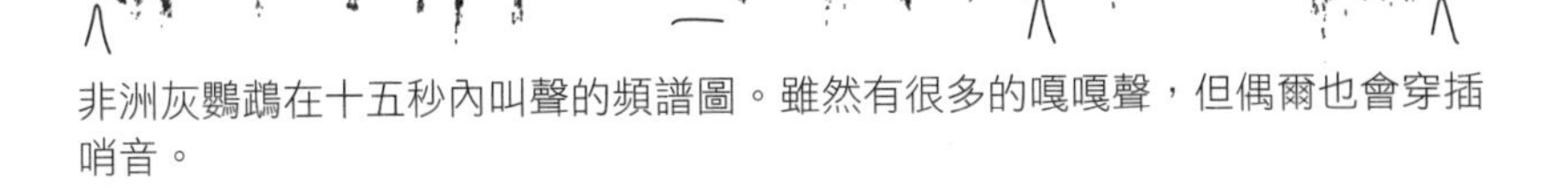

非洲灰鸚鵡在十五秒內叫聲的頻譜圖。雖然有很多的嘎嘎聲，但偶爾也會穿插哨音。

勢的機制，其他任何物種也是如此。

不過，非洲灰鸚鵡也會模仿彼此的哨音。這一點倒不奇怪：許多種類的鳴禽都會聆聽周圍雄鳥的叫聲學習鳴叫，牠們從中模仿一些曲調，只是會稍加修改。然而，大多數鳥類一旦學會一首歌，就會終生固定下來，通常不會每次都模仿不同鳥的不同鳴唱。這樣看來，鸚鵡的模仿能力算是很不尋常了。其他鳥類若出現模仿鳴叫的行為，那通常會是帶有攻擊性的訊號。某隻鳥會因為另一隻鳥模仿牠的叫聲而轉身猛烈攻擊對方，這種現象並不罕見。因此在表面上，爭奪主導地位的這場遊戲中，鸚鵡互相模仿並無奇怪之處。但非洲灰鸚鵡還會更進一步。當一隻鸚鵡（比方說「呃哦」）忙著吹哨音時，另一隻鸚鵡可能會開始模仿，但牠做的不只是複製哨音，還會加以修飾。那就像在說：「好，就算你會發出這種美妙的聲音，但聽聽看我**這招！**」模仿（單純複製另一種動物的行為）與修改、修飾和改良鳴叫聲之間有很大的區別。澳洲琴鳥是一種看起來相當不起眼的鳥，公鳥長了一條荒唐滑稽的長尾巴，而且牠們還有更荒唐可笑的歌唱能力——會模仿身邊所聽到的各種聲音，並加以結合、創作出不可思議的歌曲；這種鳥不僅會學動物的聲音，甚至連電鋸、汽車警報器和相機快門聲都不放過。沒有人不對那原音重現的技巧感到折服；不過，將許多不同聲音組合成一首新的「混音」作品還算相對簡單的任務。

做到這件事，與改變叫聲中的元素、轉變實際曲調還是很不一樣，後者似乎需要某種更為複雜的心智運作。

所以說，請想像一下這種情況：一隻鸚鵡停在樹枝上，一遍又一遍發出「呃－哦」、「呃－哦」的哨音。這時另一隻鳥轉向牠，發出「噢——呃－哦」的聲音。如果換成我們遇到這種情況，自己在心情上會有何反應？可能會感到羞辱——被別人比下去了。這可能正是這種互動要發揮的作用——透過發聲比拚，超越對手來建立自己的主導地位，有點像是鳥類的歌唱擂台。在這種情況下，由於目前還沒有人詳細研究過這些鳥類之間的優勢交互作用，我推測這算是合理的假說，與我們對灰鸚鵡行為的了解是一致的。

還有一則軼事或許能幫助我們了解鸚鵡之所以發出這類複雜聲音的用途。待在實驗室鳥舍的時候，一隻名叫「狼哨」的鸚鵡奮力地一遍又一遍發出牠的叫聲。這時候，沒有一隻鸚鵡試圖模仿或加以修飾，倒是有兩隻在鳥舍另一端的鸚鵡看似對我和我同事特別

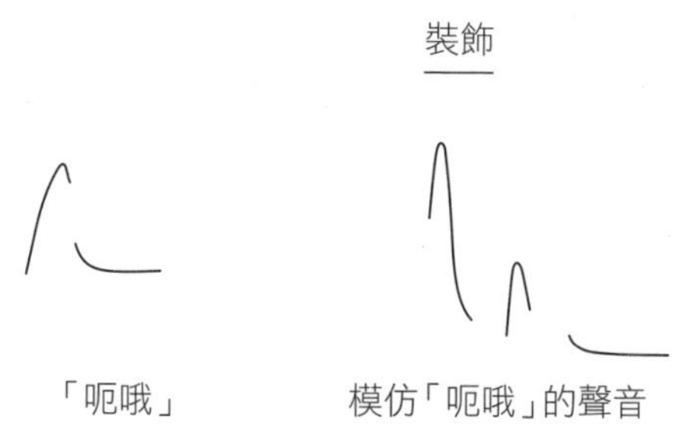

兩隻不同的灰鸚鵡發出的兩種哨音，第二隻在模仿第一隻時，開頭處添加了裝飾音，即額外的哨音。

感興趣。牠們跳上籠子的欄杆，歪著頭，把嘴從籠子的縫隙裡探出來，想要多了解我們一點。接著我們就聽到牠們發出很輕的聲音——兩隻鳥正低聲模仿那隻叫狼哨的鸚鵡。難道是牠們特別謹慎，不想讓狼哨聽到，免得牠以為這是要挑釁牠這隻可能更強大的鳥？又或者，這些鸚鵡「模仿」的本能衝動很強烈，就是忍不住要模仿一下，即使只是模仿給自己聽也好？

突然間，我們對鸚鵡複雜的聲音溝通有了完全不同的想法：這些動物是在利用牠們的模仿、修飾能力來行使明確的社會功能。如果你的社會地位取決於模仿的功力，以及有創意地加以修飾的能力，那麼這些鳥兒通往日益複雜溝通方式的演化之路，就不再像以前那樣神祕難解了。我們可以看到一種驅動力——一股演化的力量，它偏好更為精湛複雜的溝通方式，而且這會為個體帶來明顯的益處。在任何演化理論中，最基本的要求：新的性狀必須有利於個體生存、繁衍後代並撫養後代使之順利存活——只有這樣，性狀才能持續存在、代代相傳。既然我們想破解語言如何逐步演化的謎團，這些灰鸚鵡可能正是提供另一塊拼圖到適當位置的物種。

透過互動學習：建立理解

發出聲音的鸚鵡之間的互動也有助於回答另一個神祕的問題：為什麼亞歷克斯如此獨特？為什麼不能教黑猩猩、海豚和狗做出同樣的事情？在這裡，答案既涉及演化論，也關乎方法論。幾十年來（實際上，可能是幾千年來），人類一直都使用制約反應這套技術來訓練動物聽從命令。現代馴獸師有一套更為複雜的系統，但基本上也是在動物意外做到所要求的動作時給予獎勵；例如躍過跳圈，或伸出爪子剪指甲。長期下來，動物會將特定的行為與獎勵相互連結，於是就會按照要求去做。這是非常直截了當的操作（儘管很難在自家狗兒身上產生這樣的訓練效果；牠不愛剪指甲就是不愛剪指甲），甚至還能應用在昆蟲這麼簡單的動物身上。於是，有人便嘗試用同樣的方法來訓練動物說話。先給大猩猩看一根香蕉，如果牠們比出「香蕉」的手語，接下來就會獲得獎勵。

對亞歷克斯的訓練則完全不同。艾琳想到，在野外並沒有「訓練師」來教導鸚鵡。牠們僅僅透過觀察，就以十分自發性的方式，在未經指導的情況下互相學習。因此，她採用了心理學家戴馬．托特（Dietmar Todt）於一九七〇年代開發出的所謂「榜樣／對手」（model-rival，簡稱M/R）技術。儘管聽來煞有介事，但其實任何家中有小孩的人對此都不陌生。小艾莉不想吃花椰菜。我就拿一些花椰菜給事先串通好的同夥——艾莉的姊姊瑪雅。「瑪雅，你想吃花椰菜嗎？」要說「請」。瑪雅說：「爸爸，請給我一些花椰菜好嗎？」這時艾莉在一旁細細觀察。與此同時，她也在爭奪我的注意力，而她知道要怎樣才能吸引到關注。很快她就會說出：「花椰菜！」但我剛剛明確表示了，要以姊姊為榜樣，只有正確說出：「請給我一些花椰菜好嗎？」的時候，才能得到花椰菜。請注意，這個方法與傳統的制約反應是不一樣的。如果你是用零食來教狗兒坐下，在牠坐下時給出零食，那麼在「坐下」和「得到零食」之間，就必須存在非常強的相關性（至少一開始要如此）。如果不是每次坐下都會得到獎勵，那麼訓練就可能失敗。正是因為建立起這種可靠的連結，制約反應才能成功套用在各式各樣認知能力不一的許多物種身上。

對動物來說，「榜樣／對手」這套方法更難理解，因為在這種情況下，刺激和獎勵之間沒有明確的關聯。動物必須理解榜樣和對手之間的交互作用。但當然，社會性動物確實有足以理解社會互動的傾向。「榜樣／對手」這套訓練方法的驚人之處在於，它可以非常自然地轉譯我們對動物於野生環境中行為的期待。前面提過有兩隻鸚鵡會共享一顆葡萄。試想有兩隻這樣的鳥兒（也許是一對伴侶）站在樹枝上，其中一隻正在享用一顆葡萄，另一隻用鳥喙輕啄著牠的嘴，想要分食一點，而牠也樂意分享了。現在再設想，有第三隻鳥觀察了這個分食過程——若光是透過觀察，牠就能學到乞討食物所需發出的訊號，那牠便有明顯的演化優勢。當然，一開始動物只是在學習其中的關聯性，但隨著刺激變得更多樣化，繼續獲得獎勵的唯一方法，就是得擴大對於發生中的社交互動的理解。這表示要擴大你對「花椰菜」或「藍色」等概念的理解——如果你的大腦具備這樣的認知功能——並理解顏色或形狀等抽象概念。

這種「榜樣／對手」訓練法在灰鸚鵡身上非常有效，有可能是因為與牠們在野外的學習方式非常吻合。然而，這個方法很少拿來訓練其他動物。即使以鸚鵡的例子而言，訓練執行起來也非常耗時。一隻個體可能就要花上數月或數年的時間，才有辦法理解任務內容——不過鑑於這些鳥類在野外的壽命可長達數十年，而且會有長達數年的幼年時期，這麼長的學習時間其實不奇怪。即使長成成鳥後，鸚鵡也需要多年時間來學習如何當父母，之後才能好好撫養雛鳥。只是在實驗室裡，把數年時間耗在一隻鳥身上，會讓研究推進得相當緩

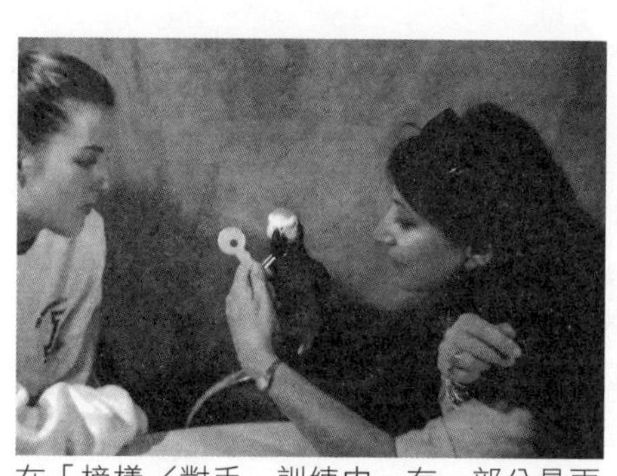

在「榜樣／對手」訓練中，有一部分是兩名研究人員相互對話，讓鸚鵡亞歷克斯觀察他們的互動。

慢。最重要的是，坐在桌子一側讓對面的灰色小鳥耐心觀察是一回事，但若換成海豚或黑猩猩，要讓這些動物處在不自然又不自在的狀態下，牠們能否長時間保持專注，又是另一回事了。因此，就算其他許多物種可能也有真正的指涉理解能力，我們卻尚未找到方法加以檢驗。

野外的群居鸚鵡：忙碌而混亂的社群

我一直在強調，在語言的演化中，社交和溝通技巧都很重要。複雜的溝通之所以存在，是因為動物的社會互動很複雜。我們觀察到鸚鵡具備複雜的溝通能力，這可能反映出牠們是生活在複雜的社會環境中。再者，能夠以「榜樣／對手」訓練法（基本上正是一種社會性的學習方式）成功訓練這些鳥兒，其中便透露出線索：這種互動可能與牠們在野外的自然行為有些相似之處。但鸚鵡在自然環境中會社交到什麼程度？為什麼會有這樣的社交技能——例如靠觀察其他成員的互動來學習？野生鸚鵡（若真的有社交技能的話）實際上怎麼運用這些技能？牠們真的「像我們一樣」，具有複雜的個體間的關係、複雜目標和複雜意圖，是披著羽毛的人類嗎？幾乎可以肯定：不是。生活在野外的動物所面臨的需求可能與我們的原始人類祖先大不相同。在許多不同物種身上都可明顯看出過著社會性生活有許多常見的好處，但每個物種都有自己的特殊需求和自己專門的解方。

群體生活能讓動物得以在艱困的環境中生存，而且換成單獨的個體就活不了。有很多種鸚鵡確實會形成大群體——可能是幾十隻，甚至於數百隻鸚鵡都有；這些鸚鵡棲息在一起，也一同攝食。但鸚鵡群與我們按人類經驗所理解的社會不同，甚至也不像黑猩猩群或狼群。在鸚鵡群中，個體間的互動更加微弱、偶然。鸚鵡關係的基本單位是兩隻一對的配偶——雄鳥和雌鳥為了撫養雛鳥而形成夥伴關係（這是一般的狀況，但並非一定如此——鳥類中同性結盟的例子也很多，恰恰證明牠們呼朋引伴的社交需求有多強大）。除了這種密切的關係外，鳥群中的其他鳥兒似乎多被視為「他者」。事實上，鸚鵡可能有自己的好惡，有一些是牠比較喜歡的個體，也有某些是牠較不喜歡的；不過沒有一個比得上自己的伴侶，鸚鵡還是會將最多的關注保留給另一半。成對的鸚鵡在一起的時間占據了牠們大部分的社交時間。牠們會互相整理羽毛、照顧幼鳥，或者就只是待在一起。不過，這個現象也引出一個令人困惑的問題：如果鳥類基本上是成對生活，而且大多時候只與伴侶互動，那為何還要生活在一個複雜的社會中？我一再強調，鸚鵡認知的複雜性很大程度源自於其社會群體的複雜性，但如果大部分時間都只與伴侶待在一起，那這個社會群體又能有多複雜？

鸚鵡群的數量優勢展現在許多不同層面。一大群一起覓食的鸚鵡會比單獨覓食的鳥兒更容易發現掠食者。眼睛愈多，發現威脅的機會就愈大，哪怕只是剛好看到。但群體生活並非百分之百美好，社交這件事通常是有代價的——例如，你發現的任何食物都得要跟大家分享。試想一群數以百計的鸚鵡為有限食物而爭吵的畫面，恐怕會很慘烈。動物會以不同方式緩解這類危險。若是群體較小，好比說狼群，那牠們就發展出優勢階層。地位較高的個體可先享用資源，不論是食物、配偶還是睡覺的地點——任何能增加牠們繁殖成功機會的資源都可優先擁有。其他處於較低位階的個體知道與老大爭搶沒有任何好處，因此牠們會在一邊努力苟且偷生。在這種情況下，即使資源有限，動物之間也不會浪費時間不斷起衝突。天擇傾向以這種方式來達到平衡。但在有一百隻鸚鵡的群體中，即使是最專橫霸道的鳥也不可能獨占所有食物。因此，能形成這麼龐大的覓食群體，往往是在食物豐富且可得性難以預料的地方。熱帶雨林就是一個例子，那裡在一年中任何時候都可能有果實成熟，動物總是不斷在尋找每天的覓食機會：今天哪棵樹上有成熟的果實？同樣地，這也是眼多好辦事的另一個例子，牠們會互通「現在哪裡有好果實」的消息，這麼做的回報就是覓食的時候會受到群體的保護。由於一棵樹上的果實往往就足以滿足所有群體成員的需要，因此看起來便達到了雙贏局面。大而鬆散的族群非常適合以叢林野果和堅果為食的生態棲位，而這正是鸚鵡演化出來並加以利用的生態棲位。畢竟僅需要維持這種相當基本的社交，個體就沒必要特別去了解或認識鄰居。互不相識的群體就已經夠理想，大家能一起尋找食物、抵禦掠食者。

我也投入一些時間觀察過最為人熟知的和尚鸚鵡（Monk Parakeets）的社交行為。和尚鸚鵡也稱為塔樓鸚鵡，是一種很有魅力的鳥兒：身體呈亮綠色，胸部是白色的，在寵物市場上很受歡迎。牠們與人類關係融洽，會發出聲音，但不太吵鬧，還會在籠子裡做出許多滑稽的雜技動作，並且用鳥喙當作第三條腿。即使是圈養的和尚鸚鵡觀察起來也很有意思。不過野生和尚鸚鵡更是壯觀。牠們是諸多種類的鸚鵡中少數會自己築巢的——不築則已，一築驚人！巨大鳥巢的直徑可達數公尺，巢中可供數十對準備繁殖孵蛋的鸚鵡居住，就像一座巨大公寓大樓裡有好幾間小公寓。公寓生活是一場複雜的遊戲（在此提供補充資訊給沒住過公寓的人）：鄰居可能很吵鬧，他們家小孩會闖禍或欺負你家小朋友，甚至還可能偷東西（到目前為止，我都是在說和尚鸚鵡）。很顯然，處於這樣的生活環境需要動用很多社交技能。因此，想探索鸚鵡社交性的源頭，從和尚鸚鵡著手會是不錯的起點。

築巢的鸚鵡相當罕見，因為牠們大多是生活在熱帶的物種，周遭環境會有許多腐爛的樹木，樹上的洞就很適合生蛋，空間既大又受到保護，鸚鵡也能在那裡照料後代。但和尚鸚鵡的原生地是在南美洲的草原，當地很難找到現成的洞穴。這些鸚鵡異常熱衷於蒐集樹枝，再拿來建造出高聳的怪異結構；牠們選定適合築巢、有一定高度的表面，便在上頭隨性築出樹枝做的鳥巢。和尚鸚鵡的原生地是僅有矮小樹木生長的彭巴草原，但如今這個物種已遍布世界各地，主要是寵物貿易造成的結果。在美國，牠們會讓電力變壓器解體；巴塞隆納則有建築上精雕細琢的城堞遭到鸚鵡破壞。

繁殖中的和尚鸚鵡之所以擠在這種集體公寓裡，據推測是由於樹枝搭成的單一鳥巢過於脆弱，能提供的保護太少。因此，每一對鸚鵡伴侶會各自建造自己的巢室，然後與鄰居共用整個鳥巢超結構。但巢室之間沒有相互連接的通道，也沒有公共設施；就只是多個巢室搭建在一起，每個巢試僅有一個出入口，每個家庭空間之間都會有隔牆。這不算是真正的合作，不像一群人類合作獵捕猛獁象或打造太空梭那樣。和尚鸚鵡並不會合作建造特別結實的結構（因此這些巨大的

多戶公寓：和尚鸚鵡共同棲息的鳥巢超結構。

巢穴經常掉到地面，造成災難一場）；事實上，和尚鸚鵡還會趁著神不知鬼不覺，偷偷從鄰居巢室中偷走樹枝。在觀察和尚鸚鵡築巢時，會看到牠仔細將樹枝修整成合適的形狀和長度，然後穿過巢上現有的樹枝以提供支撐，但就算是一對伴侶鸚鵡在築巢時也不太有合作行為。兩隻鳥可能會在同一個巢中工作，但並不會互相幫忙，更多時候反而彼此干擾。牠們是熟練的建築工，但整個築巢工程都進行得很隨意，我個人從未發現個體之間有過任何的協調行為。有時，當一隻妨礙到另一隻工作時——也許公鳥會扯掉母鳥剛放進去的一根樹枝——便可能導致鸚鵡頻頻沮喪搖頭，以及相互用喙理毛以表歉意。但毫無疑問，這些動物並不會就所需完成的任務而互相溝通。牠們有這種溝通能力，但卻沒有善加利用。

到底是怎麼回事？之前提過，鸚鵡是我們試圖理解溝通和語言演化的一把重要鑰匙。但為什麼和尚鸚鵡不使用這個能力？當你（按理推測應該）有能力藉由協調獲得更好、更合作、更有效率的生活方式時，又為何寧願忍受鄰居、配偶的干擾和破壞，以及經常掉落的糟糕鳥巢呢？按照這種邏輯，我們也可以問獅子、狼和猴子——事實上是所有動物——為什麼不使用語言或類似語言的東西來傳達牠們的計畫、意圖和願望，豈不是能過著更合作無間的生活？

和尚鸚鵡絕對有發出各式各樣聲音的能力，而且不同的發聲行為肯定也會傳達出不同的情感和意圖。不過在很大程度上，這只是牠們學習上彈性衍生出的副產品。這些鸚鵡能像亞歷克斯一樣，經由強而有力的「榜樣／對手」訓練法，展現出認知和表現力突飛猛進的提升，這一點正好凸顯了野生鸚鵡天生的潛能。一隻年幼的和尚鸚鵡看到父母以樹枝來鞏固鳥巢結構時，就會學習同樣的行為，而那並不是透過制約作用習得的。換成制約作用的話，特定的結果會得到獎勵，

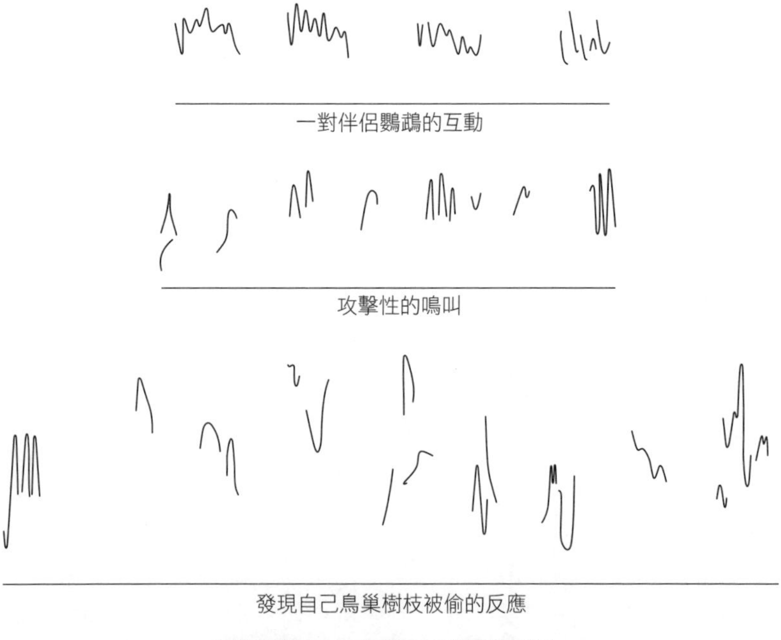

一對伴侶鸚鵡的互動

攻擊性的鳴叫

發現自己鳥巢樹枝被偷的反應

和尚鸚鵡在不同情況下發聲的例子

不同的結果會受到懲罰。事實上，以學習築巢這件事而言，似乎不可能透過制約作用來學習，就算可以也非常困難。在「犯錯」可能導致從十公尺高一堆樹枝中墜落地面的情況下，試誤學習會是相當緩慢的過程。這是行不通的。和尚鸚鵡的幼鳥需要的認知技能是模仿，這樣牠才能學習如何為自己築巢、如何在自己巢裡的樹枝遭鄰居偷走時挺身而出，以及學會怎麼與配偶建立密切的關係。為了吸引注意力而模仿——這是「榜樣／對手」訓練法的本質。科學家並沒有「發明」這一種特定的心理訓練方法，而是利用了鸚鵡行為中非常基本的面向。模仿、參考、換位思考：這些複雜的認知技能在成為一隻成功鸚鵡的學習之路上很關鍵，無怪乎某些種類的鸚鵡在語言方面具備卓越的模仿能力。也許這也表示，牠們有辦法學習與人類交談，就像亞歷克斯那樣。這又是演化為動物提供建構模組（building block）的一個例子，這些建構模組原本是用來應付某個目的，但可以繼續適應其他環境挑戰，達致更大的成就。

這樣看來，難道說鸚鵡只是種特別的異類、一種奇怪的動物，與人類非常不同，僅是碰巧有點像我們在說話的樣子，而一切純屬巧合？還是說鸚鵡暗示了某些共通機制的存在；我們發展出這套複雜語言所走過的演化途徑，是否亞歷克斯這隻能數到八的鸚鵡，以及那些對於枝條應插在巢中何處難以取得共識的和尚鸚鵡，也都會走上？我說過鸚鵡很特別，就算你認可亞歷克斯達到會使用真正語言的成就，但可能仍舊想知道為什麼牠是會說話的動物唯一顯著的例子，以及相較之下為何和尚鸚鵡就顯得笨得多。鸚鵡真的很特別，倒不是因為牠們說話能力有多強（一般來說，牠們都不算太會說話），而是牠們剛好能當成例子，藉以說明演化對動物溝通所發揮的力量——正是這些力量推動我們的祖先發展出真正的語言。

鸚鵡在兩方面確實很適合擺進我們的故事中。一方面，牠們展現出生命史上存在許多條足以催生出語言能力的演化軌跡。另一方面鸚鵡也說明了，形成語言所需的大腦結構之所以存在，並不一定僅為了語言這個目的，只不過可以在需要時將這樣的大腦轉移到語言這場冒險中。將鸚鵡與之前提到的其他物種對比來看會滿有意思的。狼生活在緊密的群體中，是以真正相互合作的方式依賴著其他個體，儘管牠們的交流非常美妙，但可能只能傳達有限的概念。相較之下，海豚似乎能在日常生活中表達頗複雜的概念。鸚鵡則與這兩類動物都不同，牠們似乎很有表現能力，也關注其他同伴所發出的聲音，但是就跟狼一樣，牠們可能**說**出來的東西並不多。鸚鵡沒這個需要，因為所需傳達的概念——友誼、煩惱、警告、興奮——可以輕鬆靠既有的發聲技能表現出來。事實上，牠們發得出的聲音很豐富，足夠應付表達需求，有過之而無不及。之所以擁有這麼豐富的發聲技能有很多原因，部分是由於牠們的模仿能力，但演化到能夠模仿，目的可能並非擴大鸚鵡的發聲技能。在動物界，這種現象並不罕見——許多鳴禽都有極其豐富的聲音，但牠們需要傳達的訊息卻很簡單。不過，鸚鵡與眾不同之處就在於除了聲音的靈活性外，牠們還具有將兩種任務疊加在一起的認知能力。牠們懂得解決問題、建造結構，還能與同伴相互學習打開堅果的技巧，或打聽已經可以吃的果實的訊息。牠們可以遠離霸道的同伴，但又繼續生活在群體的保護下。鸚鵡擁有一套演化路徑上的黃金組合：複雜的社交和學習需求，以及複雜的發聲能力。

因此，無論亞歷克斯的能力是否獨一無二（艾琳・佩珀伯格現在逐漸發現另一隻非洲灰鸚鵡格里芬也展現出類似的能力），我們確實從牠身上得知了動物能做到什麼事，以及做得到這些事背後的理由。鸚鵡、狼和海豚在演化過程中分別往三個完全不同的生態棲位發展。成對的鸚鵡會集結成大群體；狼群的規模偏小但分布範圍很大；而海豚則是在海水中的三度空間形成「分裂融合」的社會。不過，這三種動物似乎都為群體生活的一些問題找到了類似的解方：認識鄰居，告訴牠們你想要什麼，另外也理解牠們想從你這裡得到什麼。從某方面來看，這些能力竟然沒有在生命的演化中經常出現，其實挺令人意外。當然，這些都不算是語言，要達到這個目標還有其他障礙得跨越。籠子裡的鸚鵡彼此之間不太交流。儘管野生鸚鵡的需求以鳥類的標準來看是很複雜，但以人類標準而言卻非常簡單——鸚鵡需要互通食物相關的訊息、形成社交連結，但牠們似乎不會培養特定專長、不會教育自己的孩子，或也不懂稅金的計算。在演化中，節約是一大考量——複雜的能力如果不能帶來具體優勢，就不會演化出來。「簡單」和「可重複使用」的特性高度受到演化的青睞；機運在演化中扮演重要的角色，如果某種性狀還有其他新的功能可以發揮，那麼在某個時刻，就確實有將其發揮出來的可能。在某些狀況中，保有靈活彈性似乎是生命日後適應環境的潛在能力，最終讓動物得以跨越「非語言」和「語言」之間的門檻。

我們傾向認定語言無論到哪裡都很有用，但這是非常偏頗的觀點。我們自己無法想像沒有語言的生活，但這對動物而言當然不是問題。亞歷克斯之所以透過語言收穫益處，那是因為牠處在很特別的實驗室環境。不過，有一件事意義非同小可：在參與實驗之前，牠就擁有從語言得益的能力了。牠天生就有這樣的靈活彈性。哪些物種具有這種天賦？哪些物種沒有？我們的祖先又是怎麼發現自己處於能因語言而受益的環境？還有其他動物的生活方式類似於鸚鵡嗎？這種語言的潛力在動物界到底有多廣泛？下一章我們會看到，可能非常普遍也說不定。

第四章　蹄兔

你很可能從未聽過蹄兔（hyrax）。很正常。蹄兔是一種不起眼的奇怪生物，看起來像天竺鼠和兔子雜交所生下來的。蹄兔在中東和東非地區很常見，實際上牠與天竺鼠（嚙齒類）或兔子（其實也與嚙齒類沒有很相近）的親緣關係不太近。看一下蹄兔的腳掌，就會發現其中一個明顯的差異，在牠粗短的小手指上覆蓋著粗糙肉墊，而不是爪子。從這些特徵再加上細長的獠牙狀門牙，我們會發現蹄兔近親的線索，也就是現代大象。

話雖如此，現代蹄兔的祖先在恐龍滅絕不久後，就從大象這支譜系中分了出來。蹄兔多少可以說是現代生物中的異類。雖然蹄兔還沒奇特到堪稱「活化石」的程度（必須具備其他現生動物身上統統都找不到的古老特徵才行），但牠確實保留了某些多數現代哺乳類身上看不到的祖先型性狀。比方說，儘管跟所有哺乳類和鳥類一樣都屬於恆溫動物，但蹄兔保持恆定體溫的能力很有限。牠們必須好幾隻擠在一起，待在早晨的陽光下做日光浴；這個畫面看起來起比較會讓人聯想到蜥蜴，而不是兔子。蹄兔過去也有光榮的事跡，有一個國家便是以牠的名字來命名。腓尼基水手航行到西班牙半島時，看到這個國家到處是真正的兔子，他們注意到這與家鄉的蹄兔很像，於是將這個新國家稱為「Ee-shafania」，意思是「蹄兔之島」（在現代希伯來文中，蹄兔的拼寫仍然是「shafan」）。後來，羅馬人將這個名字稍加美化，改為「Hispania」，最後成為今日英文中的「Spain」，也就是西班牙。

在我們這個關於語言的故事中，之所以要談這些迷人的小生物，有部分原因是牠們

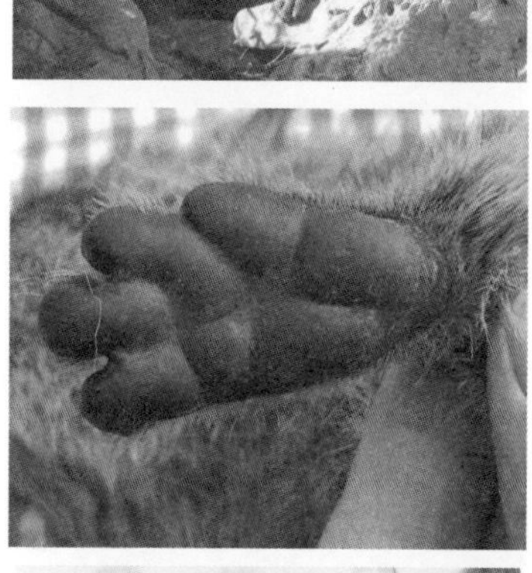

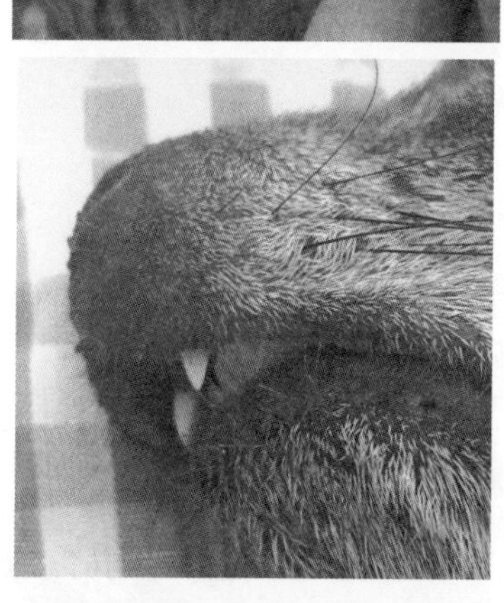

一對非洲蹄兔，以及牠們奇特的類似大象的腳掌與獠牙狀門牙的特寫。

很會發出聲音。蹄兔的吠叫聲及刺耳的歌聲在中東地區的山丘間迴響，牠們會在當地的巨石上蹦跳奔跑。不過這並非牠們最特別之處——許多鳥類的歌聲比蹄兔的聲音還要嘹亮，而且唱出的歌曲也更複雜。蹄兔所唱的歌曲之所以有意思，是因為其中似乎有**句法**（syntax）存在。大多數語言學家認為，在真正的語言中，一項不可或缺的組成要件就是句法。我們在組合一串語詞造句時，真正能夠發揮複雜溝通潛力的，正是排列這些語詞所要遵守的規則。要是語詞排序沒有意義，那麼語言會變成什麼樣子？句法（詞序規則）是每種已知語言的基礎，而蹄兔唱的歌曲竟然也有句法。蹄兔會以特殊的方式來排列牠們的聲音，好讓歌曲聽起來是「正確」的，就像我們會按正確的順序排列語詞並確保我們說的話「有意義」一樣。此外，蹄兔與大多數鳴禽不同，牠們這種句法似乎要經過**學習**而得，之後再依照句法來調整歌曲結構。如果說句法是真正的語言的必要條件，那麼「學習句法」的行為就更證明了「語言使用」的事實——人類的小孩不可能生來就懂如何說話，必須有一段學習的過程。蹄兔也是一樣。

為什麼這種奇怪的小型哺乳類在發聲上會有一套需要學習的複雜句法？牠們沒那麼多話要說吧？也許沒有。但句法出現在許多動物發出的聲音中，甚至還包括不起眼的蹄兔，這件事實便指出句法在動物界實際上有多麼普遍。如果幾乎所有動物都有句法，那麼會不會有某些動物可能也是有語言的？

認識蹄兔

我在博士班期間時花了四年時間研究蹄兔。這些充滿魅力的生物對我來說有一種懷舊的吸引力。雖說牠們很迷人，但蹄兔的體味很臭、有攻擊性，身上還長滿跳蚤和蜱蟲，因此要去捕捉、固定蹄兔，以及替牠們戴上無線電項圈，絕非什麼太愉快的事情。儘管如此，在我眼中牠們還是很有魅力。因為這些動物身上保留著一些原始的特性，牠們是演化樹上一個譜系分枝中僅存的三個物種之一，該譜系曾有過體型相當於河馬那麼大的巨型植食性蹄兔。牠們身上還保留有另一個奇特的古老特徵，那就是相對簡單的消化系統（就像兔子一樣）。就在植食性哺乳類於地球上發生物種大爆發之際，牠們高效率的多腔胃室有助於輕鬆消化堅韌的草（最後導致巨型蹄兔滅絕），而存活下來的蹄兔和兔子則保有較為簡單的消化系統。兔子會將所吃的草消化兩次（重新吃下部分消化的糞便，得到第二次分解的機會），而蹄兔在吞嚥食物前會仔細咀嚼——這種行為表面上看似乳牛的「反芻」。蹄兔和兔子這種過度咀嚼的行為可能是《聖經》中一段令人困惑的經文的來由（「利未記」，11:5），文中宣稱蹄兔和野兔都是不潔淨的，因為牠們「倒嚼不分蹄，就與你們不潔淨」；雖然也「倒嚼」，卻未如牛和鹿那樣長有真正的蹄。蹄兔和野兔實際上都不會像牛那樣反芻，不會再重新消化胃中的內容物，但如果牠們要消化像草這種大量而堅硬的食物，就需要額外再費些勁。

蹄兔也是一種格外引人矚目的社會性動物。牠們最吸引人的特點是會將社交和合作行為大方示人。不需要費很大力氣，你就能看到蹄兔的群體——數十隻動物聚集在一起，每隻都棲息在一塊獨立的巨石上，活像一張巨大棋盤上的棋子。蹄兔其實不會合作覓食或一起建巢穴，但群體生活對牠們很有助益。之前提過，牠們不太能保持恆定體溫，這就表示牠們必須聚集在一起取暖，尤其在寒冷的沙漠夜晚更是如此。再加上蹄兔缺乏實質上的抵禦能力，牠們很容易遭到豺狼和猛禽等掠食者攻擊，因此生活在有很多雙眼睛能監視外來危險的群體中，就相當合乎常理了。

就某些方面而言，現代蹄兔是了解哺乳類演化起源的一扇有用窗口，因為牠們將恐龍時代的特徵保留至今。誠然，牠們所適應的是當今世界，而非小行星毀了地球四分之三物種後，這顆星球所剩的那片荒涼大地。在蹄兔保留至今的古老特徵中，牠們的溝通交流可能是其中的一種嗎？

一首用來炫耀的歌

蹄兔的歌聲是不如夜鶯優美，但也很有趣。會唱歌的大多是雄性，而且大多是在群體中取得優勢位階的雄性。儘管牠們不像兔子一樣會挖自己的洞穴，但卻會在散布於中東各處的巨石堆上定居——到處都有巨石堆。猶太人有一則傳說故事：上帝在創造地球時，從耶路撒冷派了一位天使帶著一袋巨石分發到全世界。不幸的是，袋上破了一個洞……所以現在中東地區遍地都是巨石。每天早晨，蹄兔在沐浴於陽光下的巨石上取暖後，就會小心翼翼出發尋找堅硬的樹葉和禾草。通常會有一隻蹄兔爬到一塊高高的岩石上，負責保持警戒、注意哪裡有危險；一聽到蹄兔吠叫的警告聲時，每一隻都會衝回掠食者無法進入的岩石縫隙中。大群體中的每一隻都能輪流擔任哨兵，這樣便可確保所有蹄兔的安全。我曾看過狐狸走進正在進食的蹄兔群當中，蹄兔警戒地看著狐狸，同時也繼續進食——只要狐狸受到監視，牠就不算構成真正的危險。因此，團體生活對蹄兔來說非常合理，就算那只是為了保暖，以及建立起這種警告掠食者來襲的警戒系統。不過生活在群體中，競爭總是在所難免。在食物充足的時候，交配通常會成為衝突的來源。多數情況下，雌性在大群體中都會受益——很多雙眼睛幫忙看著，就表示你的寶寶會比少了這些眼睛協助的情況來得安全。但對雄性來說，繁殖的競爭非常激烈——理論上，一隻雄性蹄兔可以與群體中每一隻雌性蹄兔交配，這就是演化的最大獎——一隻雄性蹄兔獨占周圍的雌性個體，確保自己是唯一有辦法交配的雄性。因此，雄性之間會永無止境為優勢位階而競爭，通常每個蹄兔群中會有一隻雄性勝出、變成領頭蹄兔。

居優勢位階的雄性在蹄兔群中讓人很難忽視。首先牠的體型很大，占據著最高的岩石。而且牠還會鳴唱。這隻雄性蹄兔高踞岩石上，周圍會有雌性和未成熟的雄性蹄兔環繞。牠發出歌聲、大聲喊叫。就這樣一遍又一遍。終而復始。群體中的優勢雄性每天會用多到離奇的時間來唱歌。這是為什麼？部分原因可能是牠要宣示主權，對外強調此處是牠們這個蹄兔群的領域。不過有證據顯示，唱歌的真正原因是要威嚇群體中其他雄性，以確立自己的優勢位階。畢竟在中東荒涼的野地中，這一堆巨石上的稀疏植被不會比另一堆好到哪裡去；領域並非穩定不變的，很難強制主張界線。就跟狼一樣，蹄兔需要四處移動才能找到足夠的優質食物，不過牠們是以葉子與植物為食，這一點跟狼不同。一群狼可能會試圖阻止外來者在牠們的地盤內獵鹿——如果牠們有發現的話——但要阻止其他蹄兔啃食灌木可沒那麼容易，畢竟灌木遍布於整個領域各處。占優勢位階的雄性可能會試圖保護牠們棲息的巨石堆不被鄰近的群體占領，但想捍衛食物源似乎只是徒勞。因此我們認為，雄性蹄兔唱歌真正的目的是為了保護牠的雌性蹄兔，而非牠的荊棘叢。

維護優勢地位的一種方法是靠戰鬥。這無疑是展現力量的明確方式，但也是風險很高的策略。就拿獅群來說，公獅可能會為了捍衛自己的領頭地位戰鬥至死；相較之下，其他動物會採取更明哲保身的做法——透過展示實力和威嚇來建立自己的優勢。雄鹿也許長了足以恫嚇其他雄鹿的特別大的鹿角，即使盡可能不派上用場來戰鬥，但鹿角也能彰顯自己是強而有力的個體。公鳥可能會長出一身格外明亮的羽毛——這是個體健康、吃得飽的正面跡象。蹄兔則偏好唱出悅耳動聽的歌曲。就跟人類歌唱一樣，有些蹄兔的歌曲與音符難度高，能唱出最驚艷四座的歌曲的雄蹄兔會讓潛在對手明白自己的實力。無論你是體型較小的雄性蹄兔，還是經驗不足的研究人員，都不會想去招惹一隻出盡風頭的大隻雄性蹄兔。我曾遇過一隻有鋒利獠牙的蹄兔，當時要在那對牙齒下方作業，而我誤以為這隻蹄兔已經麻醉得夠徹底，但我錯了。幸虧戴著非常厚的皮手套，否則就得難為情跑一趟醫院急診室了。

動物學家稱雄性的鳴唱為「誠實的指標」。你可以用各種方式虛張聲勢、裝模作樣，但唱歌這件事裝不來。要有真本事才能唱出這些曲子，否則沒輒就是沒輒。更大的肺活量、更扎實的聲帶調控力，甚至可能涉及一顆更好的大腦，這些統統有助於提高歌曲的品質。若是唱得出好歌，也許是複雜的歌曲，那就表示你確實是較為健康強壯的個體。因此，潛在的挑戰者以及正值發情期的雌性都會特別注意雄蹄兔唱的歌曲。讓競爭對手和潛在伴侶留下深刻印象是很重要的技能。

人類世界也是如此。你可能會發現一首複雜的歌曲會比簡單的歌更令人印象深刻。想想看，在唱卡拉OK時，唱出皇后合唱團的《波西米亞狂想曲》勢必會讓在場所有人留下深刻印象——我試過一次，但朋友和同事都懇求我別再唱了，所以我猜自己大概當不成優秀的領頭蹄兔。總之，有研究發現，在鳥類和蹄兔中，鳴叫的複雜度確實能反映一隻個體的身材、健康狀態和能力，也可能藉以看出牠對雌性的吸引力。對某些動物而言，歌曲的複雜度就好比孔雀的羽毛，蹄兔就屬於這類動物。

因此，我們在此看到的是一種社會性動物——形成社會的單純原因是要避免掠食者攻擊；同時這種動物又會進行非常複雜的交流——雄性得向雌性宣傳自己的魅力。牠們實際上需要說的事情並不多（「來和我交配！」），但卻是以一種複雜的方式來訴說。「訊息簡單，媒介卻複雜」是語言演化的重要基石，哪怕這是發生在如此讓人意想不到的動物身上。究竟是怎麼一回事？

哀號、咯咯聲、鼾聲、吱吱聲和嗚叫

蹄兔的歌聲有個特質，因此它非常易於我們分析。這種動物僅能發出少數不同類型的聲音（也可稱為「音符」），再將其組合成歌曲。這與狼和海豚的發聲大不相同，牠們發出不同種類的哨音和嚎叫聲似乎會相互融合。為了方便描述，我們替這些蹄兔音符取了概略的名稱，儘管有點古怪，但有助於區別各個音符。在觀察蹄兔時，我辨認出五種不同的音：哀號、咯咯聲、鼾聲、吱吱聲和嗚叫。我認為這些名稱描述性都滿強的。

蹄兔會將這些音符組合成一段很長的歌曲，通常約有三十個音符。然後牠稍事休息，又再重新唱一遍。對於我這樣的現場研究人員，聽到這些歌會覺得很好玩，不過在當地居民耳中，這多少有點煩人：一隻健康的蹄兔幾乎可以連續唱一個多小時的歌，確實有點令人惱火。我在做調

（W）　（C）　（S）　（Q）　（T）

我在研究中辨識出五種不同蹄兔音符的頻譜圖。哀號（W）是長長的、由高往下降的音；咯咯聲（C）就像一連串快速的敲擊聲；鼾聲（S）聽起來就像在打呼；吱吱聲（Q）很短且音調相當固定；嗚叫（T）的音調會迅速上升後下降。

W S S W S S W Q Q W S S W S

W S Q W S S S T W C S T S S

兩首蹄兔的簡短歌曲

查時，遇過不少人走過來問我：「你有什麼辦法**阻止**牠們唱歌嗎？」蹄兔的歌聲可高達八十分貝，按照美國聲學學會的標準，這達到了「鬧鐘」的噪音程度。鬧鐘聲煩人是煩人，但很少有鬧鐘像蹄兔刺耳的魔音那麼討人厭。不斷重複的哀號和鼾聲聽起來雖然像毫無意義的刺耳聲音，但裡面有些非常有趣的事情：**雄蹄兔在重複前一首歌時，幾乎從來不會完全相同**。相較下，許多鳴禽在幼鳥很小的時候就學會鳴唱，自此之後就一直唱同一首歌，近乎一模一樣。蹄兔多半不是這種情況。每隻鳥唱的歌與鄰居略有不同，如此便能區別誰據有哪個地盤，這是滿實用的辨別方式；但基本上，每隻鳥只有一首歌，而且歌曲中僅含有一個訊息：「是我，我在這裡。」相比之下，蹄兔會一首接一首唱出不同的歌。理論上，每首歌都能傳達出不同的訊息。這可能是一種語言……但也只是「理論上」。上面是兩首蹄兔簡短歌曲的例子，只有十四個音符那麼長。

你可能認為蹄兔只有五個音符可運用，那麼歌曲想必會不斷重複，但並非如此。這兩個例子只是五的十四次方中的其中兩例，也就是說，可能出現的組合超過六十億種。而以一首有完整的三十個音符的歌曲來說，幾乎存在十垓種可能性。當然，並不是所有的組合都會被用上——聲音的組合在物理上會受到限制。我確信可能你在小時候學翼龍的英文發音時，會試著將「pterosaur」中的p與t分開來唸（但這個單字不是這樣發音——它會省略p，唸作terosaur）。你當然**可以**在p之後接著發t的音，但那不太容易，而且多數語言會盡量避免這種折磨人的狀況。不過即使有這類限制，要表達各種不同訊息，也用不著很大的詞彙量才辦得到。如果以人類語言的句子來類比，蹄兔的每個音符就好比一個「語詞」，每首歌曲則是一個「句子」。蹄兔歌曲不必超過七個音符，就能有足夠的獨特組合來寫出托爾斯泰的《戰爭與和平》。這部作品中有將近三萬七千個句子。*這樣說來，將音符組合成歌曲，或將語詞組合成句子，便能形成強而有力的溝通，其中可包含並傳達訊息——而且是非常、非常大量的訊息。

不過，找到創造不同句子的原始能力並非我們這本書的故事終點。我們從自己的語言中理解到，重要的不僅僅是句子中的語詞，還有這些語詞的排列順序，是它們的相對位置決定了意義。正因為詞序很重要，語言才能如此靈活。「魚咬了孩子」與「孩子咬了魚」顯然是不同的意思。但難道因為人類依賴句子中語詞的順序來確定意義，就表示動物也要採用同樣的系統？當然不是。我們知道有些物種——例如非洲南部的縞獴（一種頑皮的小型社會性掠食動物，看起來像雪貂）——只會注意某組發音序列中出現哪些音符，而不會留意音符的排列順序。然而，大多數語言學家會說文法——字詞順序決定意義的方式——是語言的基本要素，甚至是必要條件。在這種大膽且多少是以人類為中心的主張背後，存在一種觀點：要是**沒有**文法來決定詞序和意義之間的關係，一下子實在難以想像要怎麼寫出三萬七千個不同的句子。文法看起來的確像是語言的基礎，或者起碼可以說，語言學家難以想像少了文法，怎麼可能還會有真正的語言。的確，在學習一個新的語言時，關鍵要素似乎就是詞彙（五種不同的蹄兔音符）和文法（組合語詞以創造不同含義的方式）。就像我在書末註釋中所說明的，語言**即**文法；據說就是這樣。[1]

那這是否表示，那些不注重音符順序的鳥類和縞獴就不可能擁有語言？牠們的溝通系統是否太有限、也太過僵化，因而無法發揮我們的語言這種十足的力量和廣泛的描述能力？

若僅僅從數學來分析，情況似乎並非如此。即使忽略音符順序，還是可以將大量資訊放入歌曲中。前面我曾提過，只需要有七個音符，就能憑蹄兔唱的歌寫出整部《戰爭

＊在一首含七個音符的歌曲中，有五的七次方（七萬八千一百二十五）種排列五個音符的方法。

與和平》，因為其中有太多不同音符的排序方式。就算可以不管順序，光是只用五個可能的蹄兔音符，仍舊寫得出托爾斯泰那三萬七千個獨特的句子。確實，效率會下降，句子得要變得更長才能消除歧義，好比說下面這兩句：「所以你從前從來沒有注意到我有多漂亮？」和「我從來都不漂亮，你從前沒有注意到嗎？」——如果語詞的順序沒有意義，那麼兩句話的意思就會變得完全相同。若蹄兔要在不依賴音符順序的情況下寫出《戰爭與和平》——換言之，W-W-C與C-W-W意思相同——那就會需要用二十九個音符來唱歌，而不是七個音符。[2]二十九個音符的歌曲還在這種動物的能力範圍內。儘管這樣的系統在理論上可行，但卻有點混亂——不僅效率過低，而且容易因為對應到不同的意義而引發困惑。至少在人類語言中，我們使用的語詞排序做到了一點：秩序。我們輕易就能從句子中看出模式，而這些模式反映出所要傳達的意義元素。

先來總結到目前為止所講的：我們覺得人類複雜的語言文法是我們的語言之所以特別的原因（在學習一個新語言的時候，這種複雜性讓人格外有切身之痛）。但許多動物——當然包括蹄兔和鳴禽——會唱豐富多樣的歌曲，裡面不一定含有複雜的訊息，而這些訊息的意義也不見得取決於音符的順序。我們不知道牠們是否有文法。縱然沒有文法，而字詞的順序也無關緊要，我們還是寫得出含有許多不同意義的複雜句子。然而，科學家和語言學家——甚至是非科學家，如果你找人來問一問的話——仍然再三強調句法和文法的重要，並將其視為語言**最為**關鍵的標誌。有辦法能判斷動物會不會使用句法嗎？如果會，又是為什麼？

擲骰子

這一切聽起來就像語言學理論中令人費解的文字遊戲，但實際上會與動物大腦內部發生的事情有關。動物大腦的演化是為了提供感知外在世界的方式，以及控制動物賴以生存的身體。溝通塑造了大腦的演化方向，但這個器官儘管令人讚嘆，在演化時卻仍受限於自然界所加諸的限制。因此，大腦的複雜度應該是恰好足以執行動物所需的溝通行為，不會再更複雜。大腦會消耗大量能量，又是非常脆弱的器官，而且起碼在人類身上，它占據了身體滿大一部分空間。正是這種複雜性和簡單性之間的平衡決定了動物大腦的演化：某些物種發展出的溝通不重視發音先後順序，而另一些物種則會將順序納入考量。像山雀這種小型鳥看到遠處的掠食者時，牠們的叫聲是：「嘶——！」而掠食者靠得更近時，牠們會叫：「嘶——嘶——嘶——！」有點像汽車上的停車感應器。鳥兒發出的訊息中的意義（威脅迫在眉睫的程度）統統是以警告聲的重複次數來傳達。牠們的訊息簡單，使用的機制也簡單。即使是蹄兔這種會唱出複雜歌曲的動物也會使用簡單的叫聲，只要那是在某個情況下最適合的方式，就用它來溝通。警告呼叫不能很複雜——因為那需要立刻讓對方理解，也要立即得到明確回應。就算是這種單手就能握住的小動物，在警告響起後，一下有超過二十隻蹄兔聞風而至跑過來，也夠可怕的了。「去打倒他！」就是簡單而有效的訊息，因此蹄兔發出的警告聲與山雀的警鳴有很多共同點，但就不那麼近似公鳥求偶的歌曲。

被一群野生蹄兔圍攻可不是鬧著玩的。牠們簡潔的警告聲會很有效率地喚來整群蹄兔，繼而對毫無戒備的掠食者發動攻擊。在上圖這個案例中，牠們針對的是我。

半個多世紀以來我們都知道，像山雀這種雄性鳴禽能唱的歌曲種類愈多，雌鳥與牠交配的可能性就愈大。歌曲中音符的組合並不需要很複雜——雄鳥能唱的歌曲類型愈多，就愈有吸引力。然而，若要像《戰爭與和平》那樣解釋拿破崙入侵俄羅斯之舉對俄羅斯貴族有何影響，這種簡單的機制就不夠有效。而在這個案例裡，透過字詞順序的組合來增加訊息中的資訊量就很重要。這表示，我們這些科學家能檢視一則訊息中組合方式或排序是否重要，以此判斷可能包含的內容的性質，也就是其中有多少資訊量。

我們已觀察到蹄兔有潛力唱出許多不同的歌曲：如果音符的順序無關緊要，那會是數千首；而若是音符的順序有意義，則有數十億首歌曲的潛力。這樣說起來，蹄兔好像能唱很多歌曲，也能傳達很多的訊息，但有趣的是，蹄兔並未善加利用自身的潛能。差得遠了。雖然牠們在重複唱同一首歌時，確實很少完整復刻重現，但這並不是說蹄兔唱歌完全是隨機的。這在長度短的歌曲中尤其明顯：含五個音符的歌曲大約有三千種可能的排列組合，但若你真的去聽三千首這樣的歌曲，就會發現它們並非全都不同。其中約有一千首會重複到已經唱過的歌曲。對我們來說這是非常重要的訊息：蹄兔並非完全隨機在選擇牠們接下來要唱什麼。如果蹄兔只是隨機決定下一個音符，那牠們的歌曲勢必比我們所觀察到的更多樣化，長度短的歌曲重複性也低。這件事說明了，蹄兔唱歌有特定的過程，歌曲也有一定的結構。就好比音樂家作曲，蹄兔唱歌並不是隨機混合、任意組合。牠們排列音符的方式會受到限制，而我們或許可以稱之為「句法」。

在許多物種身上都能清楚見到使用句法的情形，例如鳥類中的八哥和夜鶯；哺乳類的逆戟鯨和蝙蝠等動物都是如此。使用句法在動物界相當普遍，看起來那比較像是通則，而非例外。但這件事跟我前面的主張有何關係？前述主張是說：若音符順序在溝通中有其重要性（有句法存在），那就表示歌曲中包含很多資訊。難不成這些物種都在互相講述如托爾斯泰所寫的作品那麼複雜的故事？先不論句法是否為語言的必要條件，但顯然並非只要具備句法，則某一種溝通系統便可稱為語言。那麼為何句法在動物中會如此普遍？要回答這個問題，就得先更嚴謹談一談什麼是語法。

首先請想像一顆有五面的骰子，*在每一面上分別標記：「哀號」、「咯咯聲」、「鼾聲」、「吱吱聲」和「嗚叫」。接著，在腦海中反覆滾動這顆骰子，好決定接下來要唱什麼音符。如果骰子是「公平的」（即出現任何一面的機率都相同），那麼最終在你唱出的歌曲中，每個音符出現的時間都會各占五分之一。當然，這種情況不實際——有些音符比較難唱，因此也不常見。所以我們會假設骰子不公平——你更有可能唱出「嗚叫」聲，它的出現機率高於「鼾聲」。事實上，這正是蹄兔的狀況，因為鼾聲這種聲音不好發；而它也更能彰顯唱歌的是一隻身強體壯、有優勢地位的雄性，而不是缺乏經驗的年輕雄性。不過，要是你只是在腦中擲骰子，那麼唱出的歌曲就不會受到嚴格的限制。一首歌可能以哀號開始，但也可能以咯咯聲開始。如果你剛發出一聲吱吱聲，那麼再唱出第二個吱吱聲並不會跟發出第一聲吱吱聲的機率有任何差異。你所唱的每個音符絕不會受到先前唱出的音符的影響。這就是我們所謂的隨機歌曲和不存在句法的情形。

然而，倘若有句法得遵循，那麼下一個唱出來的音符**確實**會由先前的音符所決定。這種前後依賴的關係有很多種發揮的方式，因此就有很多不同類型的句法。不過要分析動物歌曲是隨機組成，或是依循著一定的句法，這件事很容易。

在下面這個表格中，可以看到蹄兔發出哀號之後，接下來最有可能會發出鼾聲（有45%機率），但在鼾聲之後幾乎不會發出哀號聲（6%）。這樣看來，實際鳴唱時，唱出某個音符的機率很大程度是取決於之前所發的音。顯然蹄兔並不是擲骰子來選擇要唱些什麼。

下一個可能發出的音

若是從這個音開始唱	哀號（W）	咯咯聲（C）	鼾聲（S）	鳴叫（T）	吱吱聲（Q）
哀號（W）	10%	21%	45%	14%	9%
咯咯聲（C）	7%	24%	45%	16%	8%
鼾聲（S）	6%	11%	63%	9%	10%
鳴叫（T）	9%	20%	22%	37%	12%
吱吱聲（Q）	8%	12%	33%	18%	29%

蹄兔的句法

*《龍與地下城》（*Dungeons & Dragons*）的玩家都知道並沒有五面骰這種東西。不過你可以丟十面骰，每個數字在骰面上出現兩次。

動物竟然有這種複雜的規則，會決定唱歌的音符順序，這點出乎意料嗎？既然句法這麼普遍，那麼是否可以假設：資訊乃至於語言也普遍存在於動物界？針對上面這兩個問題，答都是否定的。事實上，如果第一個問題的答案是「否」，那麼顯然第二個問題的答案也就可能是「否」——如果句法普遍又常見、不足為奇，那就不能因為動物有句法，便推測這個物種具有類似語言的複雜溝通能力（當然也不用低估牠們的能力）。

句法之所以在動物界很普遍、不值得大驚小怪，原因可以從大腦開始談起。大腦擅長培養出某些行為模式——我們的大腦會養成規律而有重複性的模式，比如在走路時驅動雙腿前進，或是（若我們會飛）在飛行時驅使雙翅擺動，甚至於維持肺部呼吸和心臟跳動。一遍又一遍做同樣的事情對動物的生命運行非常重要。因此，動物經常反覆發出相同的聲音就不足為奇了：鳥兒會「嘶——嘶——嘶——」鳴叫；牛則會發出「哞——」聲。如果在發音時，重複相同聲音的機率較高，那麼隨機發音就不可能是動物界的常態，因為下一個音符**確實**取決於先前出現的音符。這就是我們從動物世界所發現的事。幾年前，同事和我對外發表文章，說明許多物種似乎都有句法，而且看起來那與重複的傾向密切相關。儘管無法證明這是一種演化趨勢（也就是說，演化出句法是**因為**動物傾向於重複音符），但這是很好的假說。當然，重複聲音的普遍性也解釋了我們為什麼會在這麼多物種身上看到句法。

蹄兔的音樂課

蹄兔還有另一個絕招。除了複雜的歌曲和非隨機句法外，牠們還會**學習**句法。這在動物界頗為罕見——為什麼蹄兔會有這項讓人意想不到的本領呢？

談到動物溝通，幾乎人人都會想到鳥兒，這是大家最熟悉的例子。若你住在歐洲較北邊，一定不會對歐亞鴝和歐洲烏鶇的聲音感到陌生，哪怕你可能分辨不出兩種鳥的差別。歐亞鴝和歐洲烏鶇的歌聲複雜而混亂，相較之下蒼頭燕雀這種歐洲鳥類的歌聲則非常一致，幾乎每次唱出的歌聲都沒有變化。雄性蒼頭燕雀一歲開始就會從周圍其他雄鳥那裡學習如何鳴唱。如果蒼頭燕雀在成長過程中完全聽不到其他同類的聲音（例如單獨被關在籠子裡），牠仍然有辦法唱歌，只是很不怎麼樣——完全無法和牠與生俱來的天賦匹配，那本來可能是大師級的鳴唱。相對地，一旦一隻鳥學會怎麼歌唱、有了自己的歌聲，那即使每天都聽得到周圍更好的歌聲，牠也無法再改變或精進。對北美洲的人來說，歌帶鵐的歌聲背後也有類似的發展故事。許多鳴禽在小時候都會經歷關鍵的學習階段，此後就不可能再學習鳴唱了。對這些物種來說，雖然雄鳥確實會透過歌曲的複雜性和精確度來彰顯自己體格有多好，但這也是牠唯一的一招——終其一生就只會唱同樣一首歌。不過，並非所有鳥類的學習能力都會受到這種終身限制。歐亞鴝就是「開放式」的學習者——牠們在生命中任何階段都能模仿另一隻鳥的歌聲。因此，歐亞鴝的歌聲難以預測而且種類還很多。不過，即使是學會某種歌聲後就不再改變唱腔的鳥，也是透過模仿周圍的動物來學習的。鳥兒聽到附近的雄鳥唱著牠的歌曲時，便會跟著模仿，當然也會自然而然加入一些自己的創意。於是，鳥鳴的方言就形成了。因為幼鳥會有樣學樣模仿周遭的鳥類，另外加上一點自己的創新，所以某個特定地區的鳥類會唱出相似的歌曲，而遠方的鳥所唱的歌就會比較不一樣。

到目前為止都說得通。學習會導致鳥鳴隨地理位置不同而有所差異，也因此產生方言。但這一切都不會牽涉到句法。或者換個方式來說，不論個體是否有注意到句法，還是會得到相同的結果。如果聽到誰用哨音吹出讓人琅琅上口的曲子，我能輕易模仿吹哨——但我可以向你保證，本人完全不知道創作這首曲子的作曲家是怎麼寫出來的，而且我絕對無法只根據作曲規則就寫出自己的作品。（事實上，直到我兒子班吉開始彈爵士鋼琴後，我才知道音樂創作中有所謂「五度圈」這樣的規則。）

我就像是蒼頭燕雀，自己不知如何作曲，只會模仿從旁聽來的東西。但有些物種就比較近似於近我兒子班吉，會發現歌曲中的句法並如法炮製。蹄兔就屬於其中一種。蹄兔還有個特點也很出乎意料之外：牠們不僅會複製聽來的歌曲，還會選出自己要的段落、加以複製，並即興在句法上變花樣。鄰居蹄兔總是在哀號後發出鼾聲嗎？那我們或許也來上一段——不過可以偶爾用鳴叫來取代鼾聲。我們發現，居住在鄰近區域的蹄兔會使用相似的句法，而隨著距離增加，句法差異也會變得愈來愈大。在以色列北部靠近加利利海的地方，有一條狹長的谷地，很多蹄兔就以那裡為家。當地的每群蹄兔都據有屬於牠們的岩石堆。居優勢位階的雄蹄兔會唱出自己的歌曲。由於峽谷非常狹窄，十三群蹄兔的巢穴就沿著這條不到三公里長的狹窄徑道分布開來。沿著這條沙漠中的小路走（一定要帶足夠的水），你會注意到蹄兔「曲風」的變化。從一堆岩石往另一堆岩石移動時，不同群蹄兔也會表現出略微不同的句法。顯然，每一隻優勢雄性都在模仿他兩邊鄰居的句法。乍看之下，這似乎是非常奇怪的現象。為什麼蹄兔會去注意鄰居的句法，而不是歌曲本身？直接模仿歌曲必定比較容易（在演化上更有效率），而要複製實際句法需要有顆夠複雜的大腦才辦得到。我認為其中的道理其實很簡單。蹄兔的歌曲很長——又長又多變。要把一整首歌記住、學起來，實際上比掌握讓一首歌聽起來順耳的一般性規則更困難，就好比爵士樂的即興演奏聽起來很有味道，但那絕非隨便亂湊音符的結果。

在這裡，演化（照樣）傾向更簡單、有效的解決方案，不過與此同時，也為複雜的溝通開闢了新的可能性。蹄兔之所以辨別句法，而不是音符序列，就是因為前者更容易。一旦理解了句法，就可以用來編碼、納入含義於其中……如果有這個需要的話。

這種動物的交流很複雜——會排出不同的音符序列，還有許多不同的組合，但各種音符組合出現的機率並非全都相同。這些音符組合是有結構與規則的，但無論規則是什麼，蹄兔都能透過互相學習來加以掌握。從表面上看，你可能認為這些規則會降低溝通的複雜性——既然不是每種組合都成立，那麼可能性就會變少，句子也會更少，寫出來的書也

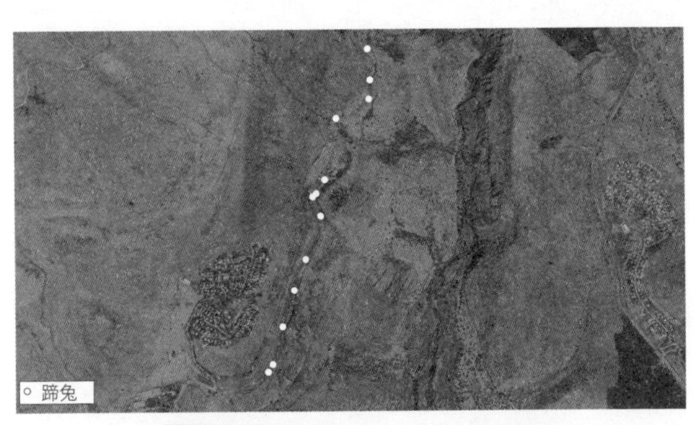

沿著狹窄峽谷分布的蹄兔；牠們會模仿兩邊不同鄰居的句法。這比複製歌曲本身更容易。

更短。但並非如此。事實上，這些限制、規則、句法和學習恰恰是推動下一步發展的動力：從句法到意義。

意義在哪裡？

是什麼讓一隻鳥或蹄兔的歌聲具有「意義」？這是個我們目前無法完整回答的問題。部分原因在於，我們的研究才剛開始理解動物溝通中意義的皮毛而已——動物所傳達的意義似乎比我們過去認為的還要多。其他原因則是意義可能同時存在於許多不同地方。前面已經提過：能發出鼾聲或一口氣唱出一長串咯咯聲的蹄兔相當於在說：「我比其他雄蹄兔更強壯、健康，因為我能發出別的蹄兔發不出的超狂叫聲。」這比句法簡單得多，因為它的意義表現在蹄兔使用特定音符的次數上，跟音符的排列順序無關。我們知道其中會有句法——一定有，因為音符不會隨機排序——但這是否表示：蹄兔（或其他動物）會用句法來傳達真正、實在的意義？又或者，句法只是一種干擾，不會對要傳達的訊息有任何作用？

事實上，有充分證據顯示，包括蹄兔在內的許多動物在傳遞訊息時，都會利用到句法，一如牠們也會使用重複的音符。以我們的研究為例，之前曾觀察到，當蹄兔附近有其他同類聽眾時，牠就會唱比較複雜的歌曲、更嚴格遵循句法規則。換句話說，蹄兔若是獨自唱歌時，牠唱的歌曲在結構上便相對簡單，而當一旁有很多雌性蹄兔聽眾時，牠會卯足全力唱出令人難忘的複雜歌曲。這並不是說蹄兔真的有心創作複雜的歌曲，也不見得表示牠是刻意為之、想要自己的歌曲更加驚艷四座。要確認動物行為背後有無「意圖」是出了名的困難——有些人主張，動物根本不會有意圖。但在這裡，當我們說某些行為「有意義」的時候，不見得等於行為背後一定有所意圖。一隻身上有華美尾羽的孔雀會向雌孔雀傳遞有意義的訊息：雄孔雀的體態氣宇軒昂，但牠本身可能從未注意自己的羽毛有多美麗（甚至根本沒看過）。在說某件事有「意義」時，重點在於它應該會產生某種效果。孔雀羽毛的顏色愈燦爛，牠和雌孔雀交配的機率就愈高。要實際衡量不同句法造成的效果不見得很容易，但既然觀察到蹄兔會依社交環境、社會地位和聽眾類型而改變牠使用的句法，我們很有把握蹄兔使用的句法是帶有某種意義的。

那麼句法中的意義到底在哪裡？就目前的討論來看，答案相當明確：意義就在於歌曲的複雜度。鳥兒的歌聲愈複雜，對配偶愈有吸引力。蹄兔對鄰居愈生氣，就會唱出愈複雜的歌來恐嚇對方。複雜度是個體健康狀況清楚的指標：天堂鳥的羽毛顏色也是如此，複雜的配色代表這隻鳥不僅吃得飽而且很健康；唱得出複雜歌曲便反映出個體身體健康、有能力——就像把《波西米亞狂想曲》唱得很好一樣。光憑直覺應該就能判斷得出，複雜的東西某方面就是會比簡單的事物「更難」；因此，複雜性也算是一種誠實訊號——得要有實實在在的技巧才行，否則光靠假裝也裝不來。但「複雜性」具體來說又**是**什麼？要提出讓所有人都同意的明確定義恐怕不容易。如果蹄兔發音前只是在腦中滾動一顆五面骰，我們會認為這稱不上複雜。若蹄兔**每次**都唱同樣的歌曲，比方說哀號後總會接著發出吱吱聲，那也不算複雜。複雜介於這兩者之間：既不是完全隨機、任意編造，也不是刻板重複、總脫口而出同樣的事。所幸，這種統計上的標記特徵可以輕易測量出來，而在我們的蹄兔研究中（以及在許多其他的鳥鳴研究中），這正是我們的發現：蹄兔所唱的歌複雜而不隨機。

然而，談到人類的語言時，意義顯然不僅來自於複雜性。複雜的文法規則承載了意義，而我們不可能光靠句子「較複雜」或「不太複雜」兩種特徵，就描述出《戰爭與和平》中俄羅斯上流社會的陰謀和曖昧不明的道德觀。不過，複雜度的光譜確實透露出某些極重要的訊息：動物之所以演化出複雜的溝通方式，可能是要藉此讓訊息承載各式各樣的意義。只會發出簡單叫聲的動物能說的就只有一件事。擁有更複雜的「曲目」，就擁有更大的發揮空間，能夠說的事也更多。這可能是句法和文法的演化源頭。動物的句法是我們人類文法的**基礎**，而文法是我們所認定的語言的本質。但動物的句法與我們所講的文法不相同，它沒有跟我們的文法一樣的結構，也沒有相同的作用。動物使用句法來傳達意義，但不會傳達複雜的意義。人類在有了句法的複雜性後，還加以改良、複雜化並延伸擴展，最後促成了較諸動物發聲廣泛得非常、非常多的意義，就體現在我們的語言中。

「語言」在很多不同的人心目中有各不相同的意思。比方說，電腦的語言是人類憑智力設計出的產物，不是自然演化的結果。還有很多理論將語言的概念延伸到一般的演算法上（「演算法」也有自己的「語言」）。語言也是學生在校時被迫學習的科目，比方說你得記住法文的「貓」（chat）相當於英文的「cat」；而法文的「沙拉」（salade）相當於英文的「salad」。但我們在談論語言時（至少在這本書中所談論的語言），通常指的是「自然語言」（natural language），即透過天擇演化而來的語言。這一點很重要，因為性狀只有在實際為生物體提供具體的好處時，才會透過天擇演化出某種能複製並傳給後代的特性。如果在動物身上語言不會發揮任何作用，那它就不會演化出來。

許多人想要理解人類語言究竟是如何演化的，而這種一步步提供優勢的發展條件令很多人困惑不已。我們有文法——語詞需要精準排序才能表現意義的微妙差異，而動物界似乎找不到任何與此類似的溝通方式。動物只能改變牠們歌曲的複雜度。那麼，從今日在動物界所看到的這些現象發展到複雜的人類語言，中間得要經過哪些步驟？簡單的動物句法又是如何隨著一代又一代，慢慢演變成我們今天所理解的語言？

這些問題我們目前都無法完整回答。語言並不會留下化石供後人研究，因此我們永遠無法**看到**在發展過程中間的語言是什麼樣態。我們只能根據我們所知的演化規則來討論什麼是有可能的、什麼有機會出現，以及什麼是合理的。我們知道句法很普遍——在動物溝通中基本上無所不在。動物的大腦能夠區分詞序的差異，即使這些差異本身沒有太大的意義。這些差異不需要帶有任何意義，因為光是能感知到差異，就是一種對句法的理解，而那已經有利於動物。個體能區分得出誰的歌唱表演較凸出，哪些又只有一般水準。而我們的祖先莫名就提升了這種能力，能傳達出更清晰、精確、具體的訊息。也許是特定的詞序組合變得儀式化，並開始有了專屬的意義。一旦這些古老的前人類物種詞彙庫中累積了足量這類「短語」，那麼擁有能理解這類短語中的模式的大腦便會有明顯優勢，我們真正的語言能力或許就這樣誕生了。蹄兔這種奇特的動物還算不上活化石，但從牠身上可以看出，句法對動物溝通來說既基本又可能很古老。除此之外，這種連草都無法很有效消化的小動物，實際上會用句法來溝通；牠們透過歌曲的複雜度傳遞訊息。這些訊息一直在許多各式各樣的動物群體中傳遞；可能打從動物會發出聲音以來，就已經在這麼做了。而我們的祖先正好利用了這種能力。

光是推測也只是隔靴搔癢。沒有化石，我們要如何進一步研究語言的起源？一個可能的做法是回到語言真正演化出來前一小段時間，去看看那些生活型態從來不必特別倚賴複雜意義的動物；這些動物在適應上，不需要句法發展為能傳達複雜概念的文法系統。這樣的生物有哪些？又與我們會使用語言的祖先有何不同？如今牠們的後代變成怎麼樣？該是時候看一看那些遭到嚴重誤解的動物了，牠們的祖先走上一條與人類略有不同的道路。我們屬於猿類——會說話的猿類，那麼其他從未演化出語言的猿類又是怎麼一回事？

第五章　長臂猿

在越南偏遠地帶一座美妙的山谷中，坐落一個處處是稻田的小村莊。山谷兩側有陡峭的山脈聳立，山上長滿茂密的植被。這裡的環狀山脈彷彿形成一大圈圍牆，一道幾乎無法越過的屏障。但我們還是得要穿越它，才能去尋找我們的目標——極其罕見的東部黑冠長臂猿（Cao vit Gibbon）。爬上第一個陡坡，我感覺自己彷彿置身於《魔戒》世界中的魔多。經過幾小時上上下下爬坡、穿越叢林之後，感覺就像來到了遺世而獨立的地方，當地有如完全與外面的人類世界隔絕。這裡距離熙熙攘攘的河內其實僅有一天的路程，但彷彿是個失落的世界。只有在繁星之間看到不自然的人造衛星軌跡會提醒你，現在已經是二十一世紀，不可能走到下一棵樹附近，就遇上某種普遍認定早已滅絕的恐龍。但這麼說不完全正確。二十年前，在這個我所見過最偏遠的自然棲地，有一種被認定滅絕了一百多年的動物重現蹤跡。早上五點，我在吊床上動了動，這時從叢林裡傳來

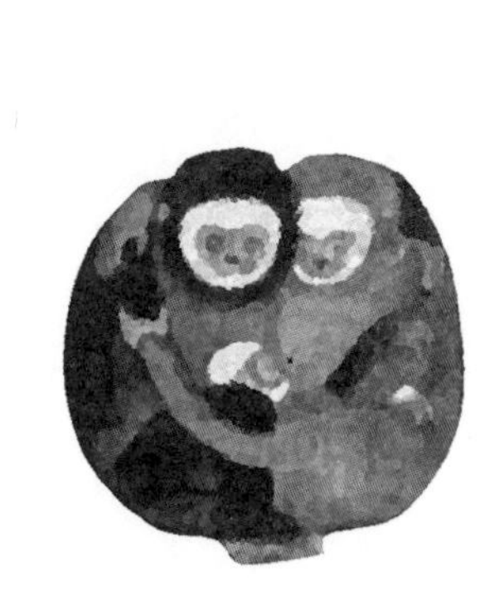

一陣不尋常的怪聲音。雄性長臂猿的叫聲在樹林中迴響：「Caaao vit. Cao vit vit.」。沒過多久，就有更多的聲音加入合唱；然後突然間，響起一陣刺耳的鳴叫聲，這是來自雌性的回應。透過樹葉，我隱約看到毛茸茸的動物，身形幾乎跟人類一樣，不過那雙長臂很好辨認，我看到牠們在樹冠之間，從一棵樹盪到另一棵樹上。那是一次非常、非常奇特的經驗。在這裡，四周盡是不宜人居的山巒與谷地，長臂猿就在此互相交談著。牠們在說些什麼？

東部黑冠長臂猿

「我毫不懷疑，語言的起源是來自對各種自然界之聲、其他動物的聲音的模仿和修改，另外輔以一些手勢比劃……一些人類的早期祖先可能是在歌唱時開始使用自己的聲音，產生出真正的音樂節奏，就和今天某些長臂猿一樣。」

——查爾斯・達爾文，《人類的起源》（*The Descent of Man*, 1871）

認識猿類

人類是猿猴，是沒有尾巴的靈長類動物。在今天這個世界上，如此奇特的生物只有少數幾種生存了下來。除了我們之外，還有黑猩猩（及其近親倭黑猩猩）、大猩猩、紅毛猩猩，以及大約二十種長臂猿。長臂猿與人類的親緣關係最遠——大約在兩千萬年前，我們在演化的路上便分道揚鑣。相較之下，我們與黑猩猩一直到六百萬年前都還擁有共同的祖先。然而，在今天所有的現生猿類中，只有人類和長臂猿會使用複雜的聲音來溝通。黑猩猩儘管具備類似人類的智力，但所能運用的聲音訊號就相當有限。有幾種長臂猿——例如白掌長臂猿——能發出多樣化的不同聲音，還能用非常複雜的方式排列組合，聽起來與人類的語言很類似。這些生物真的很特殊。整體而言猿類就是聰明的無尾猴，過去已演化出複雜的認知能力，似乎是其他所有動物群體都比不上的，而其中還有幾個真的會運用複雜溝通方式的物種——人類和長臂猿。為什麼會演化出猿類這樣的生物？人類又是從何演化而來？

我們一行人掙扎著走出營地，爬上傾斜四十五度的鋸齒狀岩石斜坡，上面長滿了竹子和濕滑的苔蘚，所以攀爬時幾乎要手腳並用才行。就這樣一路爬上山頂後，我們在那裡架設好錄音器材以監測東部黑冠長臂猿的聲音。從竹林中的間隙望出去，可以看到一座沒有植被覆蓋的岩石高原，向遠方迤邐而去的景色就在我們腳下展開，令人不敢置信。舉目所及，從這裡一直到數公里外的遠方，統統是呈三角形的陡峭山脈，完全被茂密的叢林給覆蓋。置身其中讓人感覺這些叢林好像可以長滿這整顆星球。事實上，在兩千萬年前的地球上，差不多就是這個狀況。從此地所在的廣闊大陸這一側的遠東海岸，一直延伸到生物多樣性豐富的非洲，地表上全都是叢林。範圍連綿上萬公里。在遙遠的非洲，當時有一項新的演化實驗正在發生中。猴子不再依靠長長的尾巴保持平衡並沿著樹枝跑，牠們改成將手掛在樹枝上，擺動晃盪下方的身體，以輕鬆、迅捷得詭異的姿態在樹林間移動。這些生物特別適合茂密的叢林環境，牠們從非洲大幅擴張，迅速穿越中亞，進入中國和遠東地區。一代又一代的動物經過適應、改變，並調整自身以順應環境。坐在那塊名叫 D2 觀察站的岩石平台上，幾乎可以想像遠古時代的長臂猿在樹

歐亞大陸很多地方曾經都在類似越南叢林的植被覆蓋下。

林間盪來盪去的畫面。牠們輕輕鬆鬆便能循著山脊移動，也許在短短幾代的時間內，就跨越了整片大陸。除非自己親身嘗試過穿越叢林的辛苦，否則很難真正體會長臂猿的那對長臂效率有多高。

在猿類演化的早期階段，長臂猿遍布歐亞大陸的叢林，也相當適應叢林生活。就和第三章談過的灰鸚鵡一樣，長臂猿主要也是以成熟果實為食，而每天要尋覓長有成熟果實的樹，需要具備出色的認知能力才行。一方面，長臂猿要有不錯的記憶力，記得住自己領域中有哪些樹、哪些樹的果實最近進入成熟期、哪些樹的果實尚未成熟。長臂猿的社會群體是由一隻經驗豐富的雌性來領導，多年來牠都在自己的領域中覓食，早已熟悉各種尋找並獲取最佳食物的細節。一般來說，靈長類動物——尤其是猿類——是靠聰明才智來取得生存優勢。牠們懂得使用一雙大眼睛、大腦袋和靈巧的手指，藉以在自身所處的環境進行調查、思考和操作。這些認知能力本身就相當驚人，而以本書主要想探究的主題而言，我們要聚焦在一件有意思的事情上，那就是這種認知能力是怎麼為複雜溝通奠定基礎的。一旦具備一顆出色的大腦，就可以用它來說話——當然有個前提：說話要為你帶來演化優勢。

長臂猿的音樂

在現生的二十多種長臂猿中，最為人熟知、同時也被研究得最詳盡的是白掌長臂猿（lar gibbon）。所有長臂猿在未受過訓練的人眼中看起來都大同小異——就是「手臂很長但沒有尾巴的猴子」。但白掌長臂猿與黑冠長臂猿其實是遠親，兩者之間親緣關係就跟人類與大猩猩的距離差不多：人類和大猩猩大約在八百五十萬年前都還有共同的祖先，這兩種長臂猿也是如此。此外，就跟人類和大猩猩一樣，這兩個物種之間也有許多共同特徵。所有的長臂猿都是用長臂在樹林間擺動，到處找野果吃，而且所有長臂猿都會唱歌。然而，白掌長臂猿複雜的發聲能力在今天（人類以外）的猿類圈一枝獨秀。這種動物最凸出的歌曲是成年雌性和伴侶在黎明時所唱的歌。白掌長臂猿的歌聲會穿透越南叢林的清晨薄霧，就跟黑冠長臂猿的聲音一樣震撼人心，很令人難忘。事實上，所有長臂猿的歌曲可能至少都有兩個目的。就跟許多物種一樣，歌聲可能有宣示領域的用途。鳥兒唱歌是為了宣告某棵樹或某片田地是牠們的。同理，狼也透過嚎叫來表達自己就在某個地方，也警告其他狼群勿靠近。如果長臂猿的叫聲不具備上述這些功能，那才令人驚訝。事實上，唱歌至少是向其他鄰近長臂猿群體表達牠們就在某地活動的其中一種方式。就算叢林中結果的樹木有很多，但也很寶貴；能壟斷某片森林的家族群體會比領域未有明確界限的群體更有生存優勢。

長臂猿叫聲的第二個功能似乎是要鞏固雌雄伴侶間的連結。聽起來是很浪漫：每天早上一醒來就和伴侶來一首二重唱，以維繫感情。儘管這種說法可能有過度擬人化之虞，但卻的確掌握到長臂猿二重唱的本質。不斷強化雌雄個體之間的連結能確保牠們繼續相互合作，以照顧到整個群體的福祉。合唱的能力愈精湛，同心協力的默契就愈佳——不論是尋找食物、撫養後代，或是防衛領域。精心調和、有一致性的二重唱也相當於向附近其他長臂猿宣告牠們鶼鰈情深、感情穩固。外面總是少不了四處走動的個體，可能是雌性也可能是雄性長臂猿，牠們會尋找被自己的伴侶疏遠的個體，趁機隨性交配。正如前面章節所提過的，很多時候複雜的溝通除了彰顯訊息本身的複雜度之外，就沒有其他意思了——如果我和另一半唱得出這麼複雜的二重唱，顯然我們是常常一起唱歌的搭檔，所以請別想強行介入！

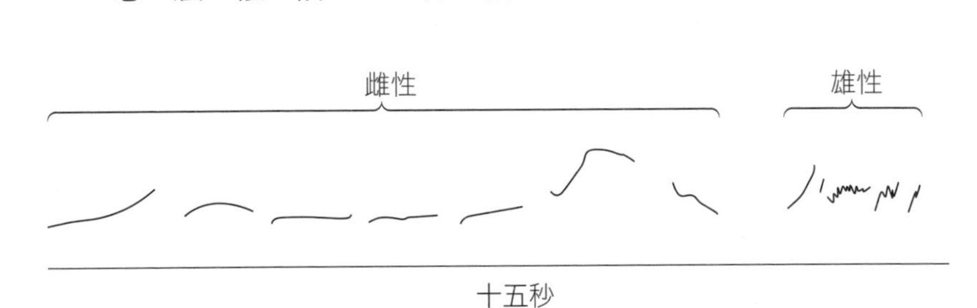

雌性和雄性白掌長臂猿的二重唱。[1]

達爾文在長臂猿的二重唱和人類的歌唱之間畫出一條直接相連的線，甚至明確賦予兩者相同的名稱，也暗示其中有相同的作用：「……藉由歌唱創造出道地的音樂韻律，那就像今天能見到的某幾種長臂猿一樣。」但除了表面上的相似性，還會有其他的共同點嗎？也許，被這些響亮而複雜的歌曲所震驚的達爾文只是覺得，它們應該要比斑馬的叫聲或蜥蜴的嘶嘶聲含有更多的意義。不過，達爾文在思考不同動物的聲音訊號有怎樣的作用和意義時，確實提出了非比尋常的洞見。他發現雄鳥唱歌是為了吸引雌鳥，雄性長臂猿唱歌是為了吸引雌性長臂猿；但他覺得很關鍵的是，雌性長臂猿也會唱歌。出於未知的原因，某些動物的求偶行為——大多是一夫一妻制的鳥類，如天鵝和信天翁；當然還有前面章節提到的鸚鵡——是一條「雙向道」，不論是雌雄個體都要留給對方深刻的印象。這一點並不奇怪。如果雄性只是讓雌性懷孕，然後就離開去尋找下一顆待擄獲的芳心，那這樣確實可以降低自己的擇偶標準。然而，如果雌雄個體要合作撫養後代——可能還會合作很多年，以確保後代在成長、學習與生存上一切順利——那麼選擇合適的妻子與合適的丈夫重要性就不相上下。這就是長臂猿的情況。雖然可能落入類似達爾文對「交配」這件事過於痴迷的傾向，在此還是引用《人類的起源》中另一句話：「音樂會影響每一種情緒，但它本身並不會激起我們的恐懼、憤怒等較為糟糕的情緒，而會喚醒溫柔和愛的感覺；這些感覺很容易轉化為奉獻。」

現今，一起合唱的長臂猿家庭是在進行一項重要的任務。雌雄個體不僅僅表現出牠們的情感連結有多強，而還要加以重申並強化它。更重要的是，牠們的孩子會學唱歌，從中也是在學習如何留給伴侶深刻的印象，繼而學到怎麼覓得良伴，並維繫雙方的關係，同心協力撫養能成功生存的後代。年幼的雌性長臂猿會與母親一起唱歌，牠們試著模仿母親複雜的歌曲並磨練自己的歌唱技巧。這和鳥類的情況剛好呈現對比，雄鳥學習歌曲的意圖相當被動——年幼雄鳥在嘗試模仿周圍鳥類唱歌時，會發出模糊不清的聲音，也沒有成鳥來直接教導。然而，長臂猿媽媽會主動改變她們的歌曲，調整音高和節奏來幫助女兒學習，直到牠的小孩能精準唱出一樣的歌為止。這樣的行為很不簡單，也必然表示雌性歌唱的精確性非常重要。

即使在達爾文的時代過了一百五十年後，科學家至今仍認為歌唱在人類語言的演化中有關鍵的作用。我們並不知道人類祖先確切是怎麼開始用象徵性的語言來交談，也不知道是從何時開始這麼做。不過，要能說出一字一句、將其大聲講出來，需要有精準控制發聲器官的能力才行；他們要有辦法發出許多不同的聲音。人類可以發出很多聲音，遠多於實際存在的語詞，而且這是顯而易見的事實。這些沒有對應實際字詞的聲音稱為「偽詞」（pseudowords），而某一種語言中的偽詞在其他語言中可能會是真正的語詞。現在有許多隨機產生偽詞的網站，我在其中一個網站上找到下面幾個例子：Tran、Forme、Gestinct、Wicher和Lation。有一個更有趣的類似應用程式會產生很魔幻的名字，《龍與地下城》的玩家通常會用這些名字為自己取暱稱，例如垃戎嘉．奧里南（Larongar Orinan）、阿爾雷．多爾霍恩（Alre Dorhorn）、奧恩薩拉斯．拉羅克拉那（Ornthalas Ralokrana）和菲拉里昂．克萊拉（Filarion Cralar）——全都是隨機生成的。這裡的關鍵在於，語言規則只有規定哪些聲音可以組合在一起，哪些不能——而這些符合規則的聲音組合可能有意義，也可能沒有。另外，也是有不合規則的組合，而且一眼就能看得出來，比如thwuivvs、phlurnts、shrougnth。人類為何能發出數量這麼大的各式聲音組合？這些聲音多到我們豐富的語言中的語詞都不足以將其用盡。也許解答可以從「唱歌」這件事當中找到。我們的祖先之所以演化出這麼廣泛的發聲能力，並非是要發明出那許許多多個名字來玩《龍與地下城》。也許他們那樣的發聲能力是要用來**唱歌**的。音域寬廣——原本是為了對伴侶歌唱——是個優勢，後來也被用在其他的演化適應上，運用於口語交談。如果在演化過程中，這件事確實發生在我們的祖先身上，那麼其他靈長類的歌唱行為就不僅僅是偏遠叢林中某種奇特動物的莫名現象。唱歌可能為今天人類的說話能力奠定了基礎。

不過這個引人入勝的想法有個問題。長臂猿和人類會唱歌，但我們的其他近親——黑猩猩、倭黑猩猩、大猩猩和紅毛猩猩——卻沒有這項能力。對於六百萬年前人類與黑猩猩、倭黑猩猩距今時間最近的共同祖先，我們所知無幾，但牠們並不會唱歌，這一點是有把握的。歌唱能力——以及使用語言所需的各種發音技巧——比較可能是在長臂猿和人類的祖先群中分別演化出來的。儘管從長臂猿的歌唱能力到人類語言之間並無一脈相承的直接關係，但過去兩千萬年間，這在親

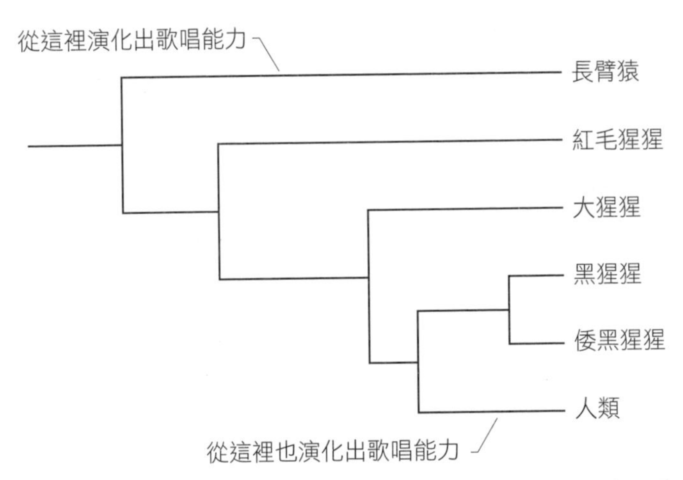

猿類的家族演化樹。除了長臂猿和人類之外，大多數猿類都不會唱歌。因此，歌唱能力可能在猿類譜系上分別演化過兩次。

緣關係接近的猿類中至少演化過兩次——確實指出了一件事：精準運用發聲系統的能力相對容易演化出來。

複雜性的驚人潛力

儘管長臂猿歌聲的作用頗令人玩味，但相較於前面提過的其他幾種動物，歌聲本身倒沒什麼特別之處。前一章所談的蹄兔也會透過歌聲來宣示領域，並以複雜的音符組合來歌唱。然而，長臂猿的歌聲與蹄兔大不相同，而且其中的差異十分重要。事實上，這正是本書所談關於動物語言的故事旨趣所在：生命是如何從蹄兔歌聲（曲目較少且句法鬆散）跳躍到長臂猿的歌唱這麼引人矚目的能力？許多動物都會唱歌，而且很多也會運用某種句法。那這些是怎麼演變成語言的？我們找得出介於中間的重要過渡步驟嗎？

首先，長臂猿發聲的曲目種類繁多。早期的研究人員根據人耳判別出的差異，將長臂猿的聲音分為六種不同的類型，之後以電腦進行更複雜的分析，又將牠們的聲音分解為數百個不同的頻譜組成，總共發現了二十七類不同的音符。仔細檢視長臂猿能發出的各種聲音，明顯看得出其變化範圍可以相當大。如果說蹄兔能從五個音符的序列組合中唱出三千首不同的歌曲，那麼長臂猿的歌曲可達二十七的五次方之多，幾乎相當於一百五十萬首不同歌曲。然而，長臂猿會唱的歌曲中音符不只五個這麼短，而是能長達三、四百個。二十七的三百次方已經超過我電腦計算能力可應付的範圍，無法計數，不過大概類似於一後面跟著四百三十個零的概念。這到底意義何在？顯然這些動物並沒有那麼多訊息要傳達。我在上一章討論蹄兔時提出了一個想法：複雜的訊號不是用來包含複雜的訊息，複雜度本身就是動物要傳達的訊息：「大家快看！我唱得出這麼複雜的歌——我絕對身強體壯、非常健康。」然而，以這種論點解釋含有十幾、二十幾，甚至三十個不同音符的蹄兔歌曲，勉強還說得過去；但若要解釋一首包含數百個音符的歌曲，似乎就有點牽強——用了這麼多音符，就只是要表現複雜度？聽到結尾時，聽眾肯定早忘了開頭有多複雜！

從演化的角度來看，這確實是個難題。為什麼動

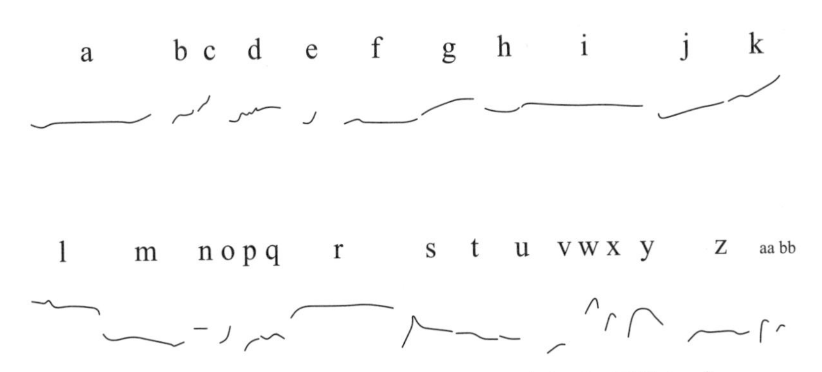

由機器學習演算法判定出的長臂猿二十七種不同聲音。[2]

物會投入這麼多能量（唱歌是非常耗費精力的，參加過合唱團或去過足球比賽的人都能向你證明這一點），還費這麼多腦力來生成複雜的歌曲？唱出一首又長又複雜的歌曲，具體上能帶來什麼優勢？

我很喜歡莫札特第二十一號鋼琴協奏曲的第二樂章。這首曲子的長度不到六分鐘，其中鋼琴音符超過兩千多個。然而，沒有人會認為其中一些音符是「不必要的」。我們也不會因為過了五分鐘後，自己正被樂曲結尾的情感打動，於是便「忘了」開頭的複雜性。身而為人，我們當然能理解樂曲之所以這麼創作的關聯性。此外，我們也欣然接受某一首由兩千個音符組成的樂曲，會與另一首音符數量相當的曲子帶來不同的效果。長臂猿顯然缺乏人類所具備的某些認知工具，但牠們能否（實際上也真的做到）為自己複雜的聲音組成賦予某種意義——或至少加入某種重要性？當然，音樂並不算是我在本書中所定義的「語言」，但音樂所能傳達的訊息似乎很多樣化，而且幾乎無窮無盡。音樂並不像語言那麼**具體特定**——不同的樂音並不直接指涉現實世界中某些獨一無二的概念。儘管如此，理解音樂中承轉各式各樣訊號的能力可能是一塊墊腳石，即通往日後理解語言所構成的句子中多樣訊息的重要基礎。數個非具體特定的訊息中含有多樣化的不同訊息——這個概念和語言的演化密切相關。因此，正如達爾文所預期，長臂猿的歌曲對人類的故事很重要。

一個音符如何銜接下一個音符

上一章，我們看到蹄兔歌唱有句法存在。每個音符並非以相同的機率出現在別的音符之後。我也解釋過，這種現象不值得大驚小怪，多數動物的叫聲中都有某種句法。起碼這表示在牠們的溝通中，發聲並非完全隨機的事。但動物會有**多少**句法呢？我們直覺上會認為嘰喳柳鶯（Common Chiffchaff）的句法很少（這些鳥兒只會「嘰喳嘰喳……嘰喳……」叫），而反觀嘲鶇（mockingbird）能唱出含數十或數百個音符的長歌，所以後者有比較多的句法。

研究這個問題的一種方法是將動物句法圖像化。例如，我們可以在圖表上為每一類音符定出一個標籤，然後用箭頭線條的粗細度表示一個音符緊接在另一個音符之後的機率；比方說，鼾聲後緊接著哀號的機率有多大——我們也在每個箭頭旁標出小數字，以較為量化的方式來表示。下面的圖表是用來分析上一章提過的蹄兔，我已將各個音符的轉換矩陣給圖像化（為了簡單起見，圖表已省略了極罕見的幾種音符轉換）。現在將蹄兔的句法圖與長臂猿的句法圖相互比較看看。蹄兔的圖很簡單，僅有為數不多幾個箭頭連

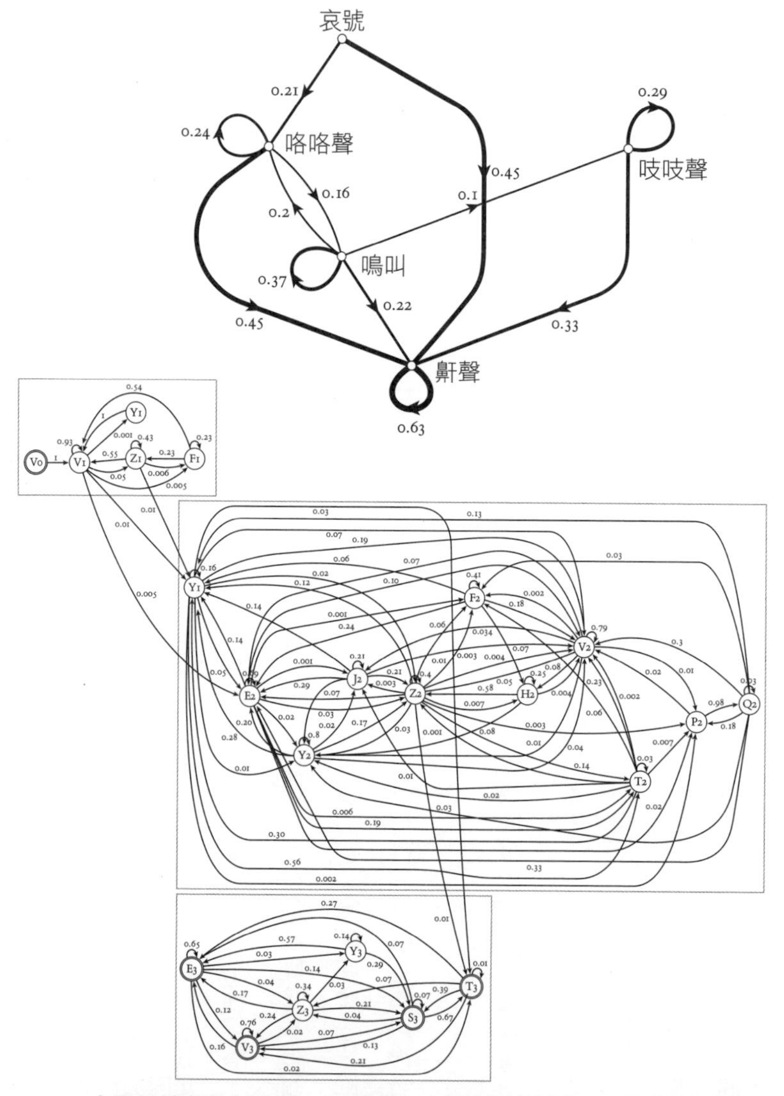

上圖是蹄兔的句法圖，是根據上一章的數據所繪。下圖是長臂猿歌曲的句法圖。

接著不同的音符：一條粗大的箭頭從哀號連到鼾聲；一條非常細的箭頭從咯咯聲連到嗚叫。然而，長臂猿的圖看起來就很像一盤打翻在地上的義大利麵。

無論這麼複雜的句法到底有什麼含義（如果真有含義在其中的話），我們至少可以說，過去這兩個物種受到了不同的演化壓力，導致牠們的歌曲表現出截然不同的複雜度。蹄兔需要唱複雜的歌曲來展現自身的健康體格。長臂猿要滿足的需求似乎遠遠超過這一點。長臂猿生活的環境以及牠們適應環境的方法傾向於要有這種複雜歌曲存在。長臂猿的歌不僅能展現個體的健康狀態，而且複雜的歌曲也會以非常多種獨特的形式來表現。那麼，究竟是怎樣的演化壓力促成了此種歌唱能力？

有一個簡單的答案大為符合我們的觀察：這一切都跟領域有關。如果唱歌是要發出宣示領域的訊號（至少有部分功能是這樣），那麼為捍衛領域所唱的歌發揮的作用愈重要時，複雜度較高的歌曲便會帶來愈大的優勢。蹄兔唱歌本質上是為了個體自身，而不是為了領域，也就是居優勢位階的雄性向群體內、外可能存在的挑戰者宣揚自己擁有良好健康狀態。唱歌是為了捍衛位階，而不是要其他蹄兔遠離你的領域；這一點在意料之中，因為蹄兔的領域很模糊，群體之間會流動，而且有領域重疊的情況。蹄兔以樹葉為食，而樹葉幾乎到處都有，所以牠們很常四處走動——因此，拚命捍衛一塊土地、強行排除所有其他入侵者頗為浪費體力。畢竟樹葉的品質在哪裡都差不多。現在試想一下，要是你跟長臂猿一樣是吃野果維生，那麼情況就與啃樹葉大不相同了，因為果實很難找。只有某些樹會結出可食用的果實，而且之前提過，在某個時間點也只有其中一些樹的果實剛好成熟。要是你的領域中有優質的果樹，那麼加以捍衛就有其價值。如果有另一批長臂猿占了你的果樹，你不可能輕易在附近找到另一棵果樹，這跟啃樹葉不一樣。因此，這些珍稀資源（果實）會讓一個物種變得更有領域性，而且經常會發揮團結的力量來防衛領域，不讓其他群體入侵。有趣的是，我們在這種變異中發現了一致性：歌曲的複雜度愈高，領域性愈強。此外，我們發現這種一致性會展現在不同的生物層級上，不論是比較蹄兔和長臂猿，或是比較不同種類的長臂猿，都有這樣的現象。大長臂猿（Siamang）是迄今所發現體型最大的長臂猿，主要以樹葉為食，偶爾才吃果實——牠們較少出現捍衛自己領域的行為，而且唱的歌也相對簡單得多。就此看來，歌曲的複雜度肯定與防衛領域的重要性有關。

如果在語言的演化中，唯一重要的是宣示領域歌曲型的複雜度，那就可以預期，會有更多物種擁有我們在長臂猿身上所看到不可思議的溝通方式。畢竟鳥類也會鳴唱很複雜的宣示領域歌曲型，有時就跟長臂猿的歌曲不相上下繁複，甚至還可能更複雜。從我們在歐洲烏鶇和歐亞鴝身上聽到的複雜歌曲，發展到得以支撐起語言形成的發聲技巧，中間顯然有件關鍵要素。長臂猿具備了歐洲烏鶇和蹄兔所沒有的特性——牠的認知能力較為複雜；長臂猿大腦能夠解讀周圍世界，並做出複雜的推論。下面我們就會看到，當發聲能力與有話要說的大腦相互結合時，會產生什麼狀況。這種結合本身即為關鍵性的創新，也是靈長類之所以如此特別的原因。

查考野生長臂猿的研究人員發現，牠們在樹林間覓食的方式依循著明顯的模式：長臂猿最常去那些果實長得好、數量也多的樹上找食物。乍聽起來根本理所當然：很多鳥類對食物來源都有極好的記憶力；有些鳥類——比如原生於北美的黑冠山雀，牠們以小型種子為食——可以記得住幾百個藏有松子的不同地點。不過，在叢林中找路是相當複雜的一件事——你只要去叢林裡親自走一次就會明白，不妨試著在半徑數百公尺內再找回一開始出發的同一棵樹，看看那有多難。更重要的是，尋找果樹也表示長臂猿得要記住時間的變化，而不僅是空間的資訊。哪些野果上週快要成熟，今天可能可以吃了？哪些樹昨天的果實已經熟透，今天可能已經爛了？因此，長臂猿就和許多靈長類一樣，面臨著各項叢林生活的挑戰，而牠們也會利用群體結構來提高覓食效率。既然有許多個體生活在一起，那麼整個群體就能利用個體各自的經驗和記憶——不只是靠大腦記住果實長得最好的樹在哪裡。這種群體組織也有助於獨占稀罕的果樹，還能抵禦其他動物前來分食；當然，許許多多雙眼睛就更容易看到掠食者。群體生活非常適合長臂猿的棲地環境，而生活在群體中，就需要與其他成員溝通今天要去哪個覓食地點——這是會把種子藏起來的山雀不做的事。

總而言之，各種最合適的發展條件都集結到位了：考驗智力的環境、團隊合作的必要、須捍衛的珍貴資源，再加上經過數百萬年演化的身體——這些動物身上已累積足以使溝通能力往前大步躍進的關鍵特徵。儘管大眼、大頭腦、長手指這些關鍵特徵最初並非為了促成語言才演化出來，但這些條件讓靈長類變得聰明、善於溝通，因此牠們便據有非常特殊的位置。

顯然，下一步就是要以這種溝通能力來發揮智力。要能**談論**，而不僅止於開口**說**。

警戒聲：最清晰的訊息（「趕快離開！」）

長臂猿唱的歌之所以複雜，原因就與蹄兔和鳥類的例子相同：叫聲的複雜度可以彰顯某些個體的體格狀態，以及一對伴侶的親密程度。不過，歌曲的複雜度也開啟了一扇訊息傳遞的大門。這些動物（至少理論上）可以在牠們的歌曲中加入特定意義。上一章已經提過，以目前的動物歌聲來說，可能會有數十億種不同的組合；距離在歌聲中包納資訊與意義的最大限度，遠遠還有很多空間待利用。但「存在這麼多變異的可能性」與「實際上將其用來溝通」，兩者間相距十萬八千里。在演化中，每個小創舉（無論其中的創新有多細微）都要能發揮具體的優勢才行，它必須為動物帶來優勢，而那樣的優勢也要讓缺乏創舉的個體相形見絀。那麼，有哪些創新可能會為「使用不同歌曲傳達不同意義」帶來優勢？

一個馬上會在心中浮現的答案：動物可以用不同的歌曲來分辨不同處境的重要區別，例如「警報解除」與「緊急情況！」之間就有差。事實上，許多動物都會這樣做。在第二章，我提到狐獴會不斷發出簡單的「聯繫呼叫」，讓同伴知道目前一切都好；如果發現危險，狐獴還會發出響亮的「警戒聲」。鳥類、靈長類、嚙齒類中也有類似的交流——這是非常普遍的行為。不過，重點就在於警戒聲和聯繫呼叫聽起來非常不同。你絕對不會想混淆這兩種叫聲：郊狼撲過來時，還歡天喜地鑽出洞穴自投羅網。由於動物能發出的叫聲種類受到聲學上的限制，因此牠們若想要表達不同的意思，就得要**聽起來**非常不同才行。儘管有些動物——包括一種地松鼠「草原犬鼠」、松鴉和幾種鳥類，以及含綠猴在內的幾種猴子——能夠針對不同掠食者發出多種不同的警戒聲，但這種能力終究有限。我可以就「蛇」和「豹」發出不同的警戒聲，但聽起來一定要非常不同，而若是繼續增加掠食者的種類，就會把所有叫聲用盡。在複雜的溝通行為中，以明顯不同的聲音來表達明顯相異的含義，這種方式最後會走入困境。

動物能否利用各式各樣潛在的聲音組合來表達更豐富廣泛的意義？事實上，這就是人類在做的事——我們擁有大量的詞彙（即使不到數十萬個語詞，少說也有數萬個）和複雜的文法，可以產生微妙（或不那麼微妙）的語意差異，就看我們要怎麼組合詞彙。不過，我們的大腦非常巨大——也得要這麼大，才能應付這麼複雜的語言處理能力及複雜概念。大腦不夠大的動物就記不住「你身後有一條蛇！」與「你頭上有一隻豹！」的差別。我們不能指望大腦比我們簡單的動物去使用人類用來將訊息編碼的那套複雜規則。那牠們可以利用什麼？

我想讀到這裡，讀者至少明白了一件事：弄清「動物實際想要表達什麼」是件困難至極的事。在野外做科學對照實驗難度很高。周圍的環境每天都不一樣。動物不見得會配合——甚至於你想做實驗時，牠們都不知上哪裡去。就算找到了動物，通常也難以確定是否還是昨天觀察的那一隻。儘管可以在圈養動物身上做一些實驗，但圈養環境很難重現動物於其中演化的真實世界情形。不過，我們科學家還是會盡力而為，嘗試設計出巧妙的實驗。在少數能真正挖掘動物「說什麼」的研究方法中，有一種是為牠們創造不同的情境，然後分析牠們回應時會有什麼聲音和行為。這個方法用來研究警戒聲最容易，因為這類呼叫遠比其他社交溝通的聲音穩定很多——可以預期動物看到掠食者時，會立即出現固定的反應。當然，找一隻活生生的老虎來威脅瀕臨滅絕的物種，藉此研究溝通，這樣恐怕不符合研究倫理，因此科學家採取可用的最佳替代方案：絨毛玩具。研究人員在叢林中爬行、拿著小小玩具蛇朝長臂猿晃，聽起來可能很荒謬，但那真的就是現場人員採行的方式。沒錯，現今也可以選用電動機器蛇和機器豹，不過這種老方法也一樣奏效。一旦掌握了引發動物發出警戒聲的方法，理論上就可以觀察牠們是否會針對不同掠食者發出不同的叫聲，以及叫聲與出現的掠食者種類之間有無一致性。然而，實際操作時，可沒想的那麼簡單。

在面對不同的掠食者模型時，黑冠長臂猿確實會發出不同類型的叫聲。這並不稀奇——正如前文所述，在幾個物種身上都觀察到針對掠食者的警戒聲會因掠食者不同而異。但長臂猿在看到特定類型的掠食者時，不見得每次都發出相同的叫聲；事實上，長臂猿對掠食者的反應每次都很不同，而且相當獨特。不過，看到豹所發出的警戒聲跟看到蛇所發出的警告之間，還是看得出差別。下面是針對兩種掠食者所發出的警戒聲，以字母表示：

豹：VVVVVVZSTSTSTSTVSSTSTV

蛇：VVVVZFVVHVVZVFVVVVVVVVHI

就和蹄兔一樣——請務必記住這一點——牠們每一次發出的叫聲都會有些許差異。在針對豹所發出的警戒聲之中，沒有一次會與另一次發出的聲音完全一樣，就好比蹄兔唱歌，每一次都會有點變化，不會完全相同（長度短的歌曲除外；那種歌較缺乏彈性）。但即使沒有兩種叫聲會一模一樣，通知豹在附近的叫聲和警告附近有蛇的叫聲之間，仍舊有明顯的差異。就算每次針對豹發出的警戒聲都不一樣，接收端的長臂猿還是能判斷是哪一種掠食者來了。那麼，資訊（豹或蛇）是怎麼藉由叫聲傳遞的？聽到叫聲的長臂猿該如何判斷威脅來源是蛇還是豹？一方面，這些叫聲使用了不同的音符選擇：「豹來了」叫聲用了很多 *T* 和 *S*，而「蛇來了」叫聲則會用到 *F* 和 *Z*。另一方面，在分析長臂猿歌曲的複雜度時，我們也看到其中或許存在能說明掠食者種類的資訊的可能性，這會是有趣的探討方向。在歌曲中，從一個音符轉換到下一個音符的方式有許多變異，也就是說**轉換**（transitions）方式有所不同。而這就表示，句法上存在差異。本章前面引用了達爾文的一段話，他推測語言的源頭可能在音樂當中，長臂猿的歌曲就是例證。

現在還不知道這是否只是一套異想天開的演化論解釋，不過值得我們暫且思考看看。不同的（人類）歌曲會有不同的「感覺」；你不需要龐大而複雜的大腦，就能區分歌手伊特・詹姆斯（Etta James）的〈最後〉（At Last）和性手槍（Sex Pistols）的〈無政府的英國〉（Anarchy in the UK）。我們在特內里費島所做的海豚實驗中發現海豚對猶大祭司（Judas Priest）的〈違法〉（Breaking the Law）特別有感，但卻對阿巴合唱團（ABBA）的〈新年快樂〉（Happy New Year）無動於衷。傳達明確、獨特的概念並不一定要有明確、獨特的訊號才辦得到，可以透過唱出不同**感覺**的歌曲來傳達清楚的訊息。這似乎正是長臂猿使用的方法。

請注意，正是複雜性讓長臂猿

伊特・詹姆斯的〈最後〉

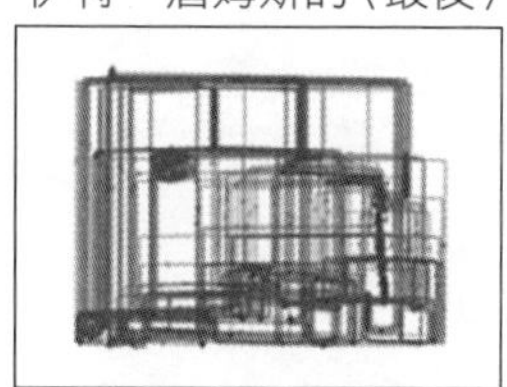

性手槍的〈無政府的英國〉

披頭四的〈某件事〉

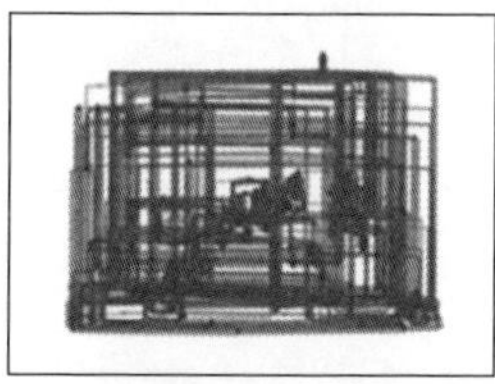

吵鬧公雞（Buzzcocks）的〈愛上不該愛的人〉

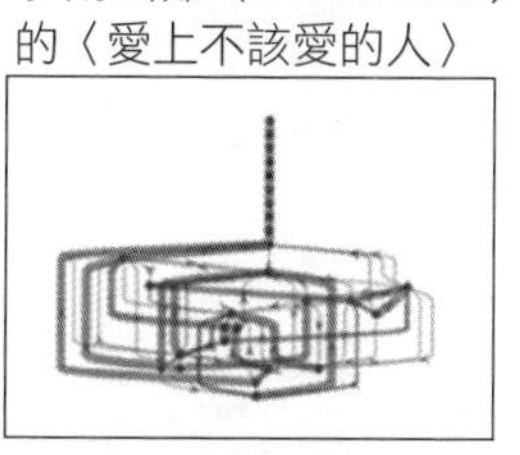

上面這些圖表顯示出兩種截然不同的音樂類型不同和弦之間的轉換：左邊是流行樂，右邊是龐克搖滾。節點代表不同類型的和弦，線的寬度表示每次轉換的機率。為了清楚起見，圖中的數字都省略了。

得以在歌曲的「感覺」中包納這麼多含義。一首簡單、重複性、一成不變的歌曲就不會有這種彈性。沒有錯，擁有一系列高度樣板化歌曲的物種——每種歌曲類型在重複時完全相同，但與其他歌曲類型截然不同——會有傳達許多不同含義的機制。「啾啾—啾啾—嘰喳」（tweet-tweet-chirp）可能有別於「嘰喳—嘰喳—吱吱—吱吱」（chirpy-chirpy-cheep-cheep），代表非常不同的事。*但這種為資訊編碼的機制不太可能演化出來。一個聲音（或一串聲音）和意義之間一對一的關係對人類來說是容易理解的概念，但那只是因為我們已經有了語言。動物需要事先理解一對一的對應關係，但目前還不清楚那到底是怎麼出現的——除了針對掠食者發出警報這種極端情況。具有不同傳統的歌曲產生出不同情感和反應則容易理解得多，例如六〇年代流行樂強烈的旋律與七〇年代龐克的重複和弦轉位。對長臂猿來說，特定的音符序列並不像一句話在說明或表示什麼，但它確實是有意義的。只是對動物而言，意義本就比較有彈性。

將長臂猿針對不同掠食者玩偶發出的聲音轉換圖加以比較後，我們又發現了另一個線索，或許能藉以進一步理解複雜歌曲是如何產生意義的。第二〇〇頁的圖是針對三種不同掠食者發出的聲音轉換圖，仔細看便會發現每首歌都以相同的方式開始：一連串「V」音符，接著是一些「Z」音符，然後又回到更多的「V」音符。歌曲來到第二階段，這時針對豹、蛇和老虎的警戒聲變得完全不同。最後，在豹和老虎的警戒聲末尾會有段結束的音符序列，但針對蛇的警戒聲就沒有。我們該如何解釋這一點？如果你是隻警覺的長臂猿，只要聽到一長串「V」和「Z」的叫聲——無論是「VVVVVZZZVV」，還是「VVZZVVVV」，或任何類似的音符序列——你都會知道有不好的事要發生了。第二段的曲式則會告訴你需要知道的事：是有豹潛伏在樹枝上？有蛇順著樹幹往上爬？還是地上有老虎埋伏？

為什麼我們認為意義較有可能是編碼在音符的轉換中，而不是靠音符的排列來傳達？一個原因是我們從中看到清晰的演化機制，可以解釋這種情況是怎麼出現的。動物之間的溝通——尤其是警戒聲——會大幅受到情緒狀態的影響。動物有多飢餓、多疲累，乃至於多興奮，在在都會影響牠發出的聲音。當然，也包括牠有多恐懼。但由於情緒狀態在任兩個時間點都不會完全相同，若你唱的歌純粹取決於當下的感受，那麼很自然兩次叫聲便不會一模一樣。儘管如此，你在特別害怕時所唱的歌應該會很相似，而且會與飢餓時所唱的歌差別更大，也就是說同類型的歌相似度較高。事實上，正如前一章

＊比我年輕一點的讀者可能會聯想到一九七一年「中間路線」（Middle of the Road）樂團那首經典但有點令人毛骨悚然的歌。

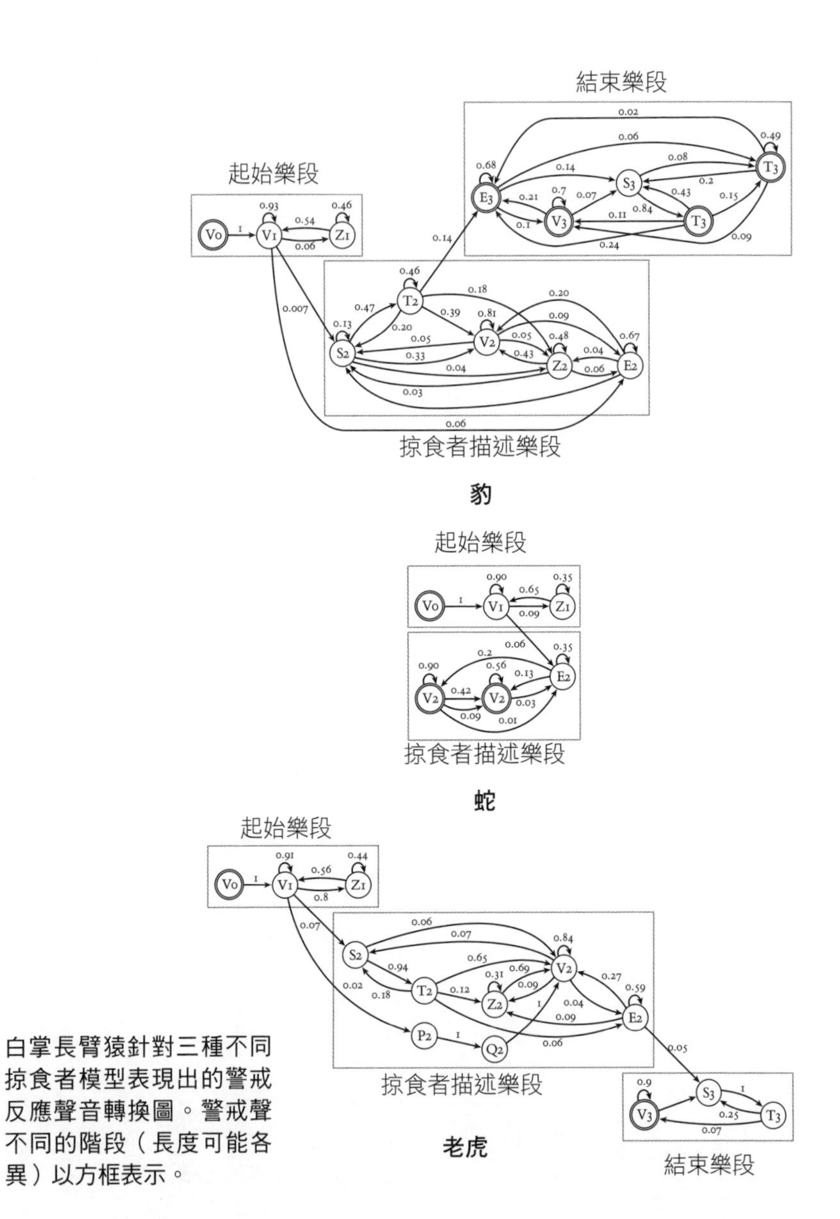

白掌長臂猿針對三種不同掠食者模型表現出的警戒反應聲音轉換圖。警戒聲不同的階段（長度可能各異）以方框表示。

所提到的，許多鳥類會發出「嘶——」的警戒聲，而且叫聲次數顯然與威脅程度有關：情況愈危急，重複叫出「嘶——」的次數就愈多。那就像是在說：「噢，糟了、糟了、太糟糕了！」一旦有這種叫聲的變異型出現，天擇就能為其賦予不同的作用。如果動物會對特定的歌有某種反應（好比說一聽到警告「老虎來了」的歌，便會爬到樹上），而對另一首歌又有不同反應（例如聽到警告「有豹來襲」的歌，就移動到細細的樹枝邊緣），那麼顯然這就創造了更多的生存優勢。我們認為，在動物的交流中尋找這種演化上的解釋，也許比單純想從聲音中找到可能相當於人類語詞的概念要可靠許多。

複雜的本質

在你看到前面這些複雜的長臂猿之歌圖表時，心中可能會有一種印象：真是複雜得可以。真的有必要這麼複雜嗎？長臂猿到底有多少話要說？一首歌要有多複雜，才足以傳達牠們想傳達的訊息？這些都是難以回答的問題，除非直接去問長臂猿，否則不會有明確的答案。然而，在這方面，我們並非全然無知，還是有些線索可循。已經有統計學方法能夠分析動物溝通的複雜度，並從中判斷這種複雜度會「派上用場」的可能性。基本假設如下文所述。

我們知道溝通是成本很高的事——動物得耗費大量時間、精力而為之；溝通愈複雜，成本就愈高。因為這麼做需要更大的大腦，一方面要能產生新穎而複雜的聲音，另一方面還要加以詮釋、區辨這些聲音，好比說判斷出龐克搖滾和情歌的差異，諸如此類。對我們來說，聽起來很容易，但那是我們已經有很大的大腦的緣故。從演化的角度來看，每一項創新都有潛在的好處，但也會有潛在成本，只有在產生淨利益時，演化才會繼續支持這項創新的存續。這就表示，動物不會無緣無故產生複雜的交流——牠們溝通的複雜度只會達到牠們需要的程度，不會更多了。而另一方面，動物需要傳達的訊息愈多，牠們的溝通就得愈複雜才行。那麼如何取得平衡？我們就以一首僅有「A」、「B」、「C」、「D」這麼簡單的音符組成的歌來說明。目前暫且忽略這些音符的順序（第七章會再回來討論），很明顯，若是以較多樣化的方式來運用這四個可用的音符，最後組成的歌曲應該也會較複雜。下圖以

歌曲#1
依序：AAAAAAAAAAAAAAAAAAAAAAAABB
隨機：AAAAAAABAAAAAAAAAAABAAAAAAA

歌曲#2：
依序：AAAAAA BBBBBBBC C C CCCDD DDD
隨機：ACC ACDBCAABACDCBBBDBDBAAD

歌曲# 3：
依序：AAAAAAAAAAAAAABBBBBBCCCCDD D
隨機：ABA A ACABBABDCDAABADA ACCAB

三種歌曲為例，首先是將相同的音符放在一起（較方便我們說明其中的原理，儘管沒有動物會這樣唱歌），然後下面是隨機的排列順序（更像你會聽到動物發出的聲音）。

第一首歌主要用的音符是「A」，儘管也有放入幾個「B」——這就是我們所說的簡單歌曲。很顯然，動物想要說的是「A」，不多不少，大致也就這樣。這首歌根本不可能包含多少資訊，而相較之下，第二首歌要複雜得多，四個音符都用到了，但似乎是以相同的機率出現，而且無法由前面的音符來預測下一個會是什麼。無論動物想藉此表達什麼，那都比單純A的訊息複雜得多。事實上，在每個音符出現機率均等的情況下，這首歌包含了一段序列所能容納的最多資訊。那麼，如果我是一隻需要傳達複雜訊息的長臂猿，該用哪首歌才好？顯然不會是第一首，我想說的所有事情用它表達不出來。但以演化的角度而言，第二首歌也不適合，因為那首歌太過複雜了，運用起來並不經濟。如果我的發聲庫裡有四個不同音符，隨機組合它們以致一種接近平均的狀態，那樣的效率其實很低。

以數學的角度而言，要在複雜和簡單之間取得平衡的最佳方法比較類似第三首歌。仔細觀察一下，你會發現當中有十二個「A」、六個「B」、四個「C」和三個「D」。最常見的音符「A」是第二常見的音符「B」的兩倍，且是第三常見的「C」的三倍，又是第四常見的「D」的四倍。巧合嗎？雖然很奇怪，但並不是。這種排列稱為齊普夫定律（Zipf's Law）——出於某種似乎獲得充分支持、但目前細節並不完全清楚的原因，它非常普遍。在英文單字的出現頻率中，也看得到齊普夫定律：「the」的出現頻率是「of」的兩倍，又是「and」的三倍。這樣的倍率關係一路推展下去，約可找出一萬個單字——依不同計算方式而定——第一萬是「barracudas」（金梭魚）。若非同樣的規則也出現於**所有其他人類語言**中，這確實也不過是略有說服力的巧合。但看起來，背後可能有些更重大的意義。

雖然這麼奇特的發現讓一些懷疑人士認為可能只是統計假象（statistical artefact）罷了，但多數的動物溝通研究者認為，齊普夫定律確實反映了簡單和複雜之間重要的權衡取捨。如果沒什麼好說的，大可以一遍又一遍重複同樣的話，就像前面說的一號歌那樣。這種做法並不耗費太多腦力。不過，若你想做到的僅是用歌曲的複雜度讓潛在伴侶留下深刻印象，那就該唱二號歌——不需要太多的腦力，因為基本上就是隨機選擇音符而已。但如果你有很多話要說（比方說人類的情況），那就應該根據齊普夫定律來排列你的符號（語詞或音符）。

用齊普夫定律來探討長臂猿的歌曲，得出的結果頗值得深思。根據這個理論的預測，達到理想平衡的複雜度應該會依循人類語言中所看到的模式：按常見度排名，每往後一名（第二常見、第三常見……以此類推），比例都會以固定幅度減少（為最常見單字的一半，然後是三分之一……以此類推）。我們用「齊普夫係數」（Zipf coefficient）來量化這種關係：如果單字完全遵循齊普夫定律，則齊普夫係數就剛好是負一（-1）。檢視三十萬個常用英文單字後，得出的齊普夫係數為負一．〇二（-1.02）。相當接近。蹄兔唱的歌似乎比較接近二號歌，屬於較偏「用我複雜的歌聲來給夥伴留下深刻印象」的那一端；齊普夫係數約為負〇．〇二（-0.02）。那長臂猿呢？這種動物的歌本身很複雜，又有複雜的轉換，而且似乎有辦法以不同類型的歌曲來代表不同的掠食者。長臂猿的齊普夫係數為負〇．九五（-0.95），非常接近動物將資訊內容最佳化的預測值——如同三號歌的情形。不管這件事要怎麼解釋，若長臂猿的歌聲恰好以此方式達到完美平衡，那確實是非常詭異的巧合。

那麼這能說明長臂猿有語言嗎？最簡單的答案：當然不能。動物的溝通與人類語言有一些相同的統計學特徵，並不代表動物就擁有語言。無論我們如何定義語言，要符合「語言」的標準，遠遠超過了音符的排列組合所能及的程度。但我們能肯定嗎？不能。在野外研究動物難度很高，觀察個體對同伴發送來的訊息如何反應並不容易。而當研究對象是黑冠長臂猿這麼稀有、遺世獨立又難以接近的動物時，光是監測哪裡有這些動物，就是我們所能做到的極限，遑論還要觀察牠們行為的細節了。前面幾章提過，鸚鵡似乎有學習和理解人類語言的能力，而海豚可能也會向其他個體傳達複雜的指令。那麼在野外，我們真的能確定這些動物使用語言的方式與我們不同嗎？

無論怎麼說，我們並不認為長臂猿、鸚鵡和海豚有自己的語言。即使長臂猿的警戒聲中有驚人的複雜度，令人印象深刻，但這些動物似乎只利用這種複雜度來達成非常簡單的目的。在警戒聲中，我們預期的會是簡單、可靠且明確的短句。不過，在這些示警的短句中，確實又有一些變異。這是一條線索，顯示長臂猿複雜的叫聲可能有語言之外的目的，而且長臂猿複雜的叫聲似乎也不僅為了給配偶留下深刻印象。那些聲音中**含有**資訊——好比說關於掠食者的訊息，或關於團體或個體的訊息——而這種動物似乎已演化成讓歌曲有最理想的適合傳達訊息的複雜度。目前並不清楚，從兩千萬年前我們的祖先與長臂猿祖先在演化的路上分歧後，牠們是在什麼時候演化出高唱如此驚人歌曲的能力。也許最初長臂猿就會唱歌了，也或許這是相對較晚近的創舉。不過有一點似乎很明顯：猿類的大腦——無論是人類這一脈或長臂猿那一脈——都有辦法從事某些非常複雜的溝通。兩者溝通目的或許大不相同，但可能是建立在非常相似的基礎上。

我們發現了長臂猿的歌曲中有意義存在，但意義並非包裹在特定的聲學序列中。這是非常重要的觀察結果：在**長臂猿的交流中，並沒有表示「豹」的語詞**。就跟幾乎所有別的動物一樣，長臂猿並不使用語詞。事實上，這或許是我想傳達給讀者最重要的訊息；之所以重要，是因為若想了解動物怎麼「說話」、又是在「說」什麼，那麼（在多數情況下）我們就必須拋開「『有意義』等於『有語詞』」的觀念。非也。動物有辦法表達意義——而且通常是頗複雜的意義——只是在牠們的聲音和意義之間，並無一對一的對應關係。這不僅對我們這些想了解動物在說什麼的人很重要，對於探究人類語言如何演化而來，也同樣有其重要性。幾乎可以肯定，一如今天的長臂猿，我們的祖先有一套複雜、精密的無字詞溝通系統。人類語言會是建立在這樣的基礎上嗎？又或者，我們的語言能力純粹是創新的產物？下一章就來探討這些問題。

第六章　黑猩猩

有誰坐在動物園看黑猩猩時，不曾覺得牠們很像人類？牠們的表情、行為熟悉得令人不安，卻又和人有些差距。牠們有許多我們在自己身上也看得到的特徵，但黑猩猩顯然與我們不同，顯然充滿了野性。在動物身上看到與我們自身有這麼多相似處，可能會讓人坐立難安，但這也是個重要的提醒：人類距離叢林生活其實並不遙遠。黑猩猩和我們共同的猿類祖先生活的時代距今不過六百萬年。黑猩猩是你我現存最親近的非人類近親。我們有多少共同點？又有多少特徵是人類所獨有？或有多少是黑猩猩所獨有？長久以來，科學家和哲學家一直在研究猿類，希望能回答「人與其他所有動物不同之處在哪裡？」——我們有什麼東西是動物所沒有的？我們所珍視的許多人類特質，後來都發現並非人類獨有。黑猩猩會製造工具：牠們會找來有彈性的樹枝，再插入白蟻丘中取出白蟻吃。牠們擁有可從一個群體傳入另一個群體的文化：個體會觀察其他個體的行為，從中學習新技能，例如打開堅果的方法。牠們甚至還有公平的概念：要是黑猩猩發現科學家並未公平分配獎勵，就會拒絕繼續參與實驗。野生黑猩猩會發動殘酷的戰爭，牠們將別的黑猩猩群找出來殺死。我們通常不會標榜最後一項為重要的人類特徵，但卻不能否認它就是人類的特徵。上述這些所謂的人類特徵，每一項黑猩猩都有。所以我們到底哪裡不同？是**語言**嗎？

黑猩猩是本書中唯一一種我沒有親自去野外觀察的動物。我不是沒有試過，只是新冠疫情爆發後，在叢林中尋找、觀察黑猩猩的工作變得難上加難。由於黑猩猩在演化上與人類關係很近，牠們也可能染上新冠病毒。為了防止這種病毒在野生動物族群之間傳播、造成傷害，因此檢疫規定變得十分嚴格。保育比研究來得重要，也因此，就如同科學研究中經常發生的情況，我只能拼湊那些在不太理想的條件下所蒐集到的證據，比方說觀察圈養環境中的黑猩猩。當然，我們在動物園觀察到的行為的確會真實反映黑猩猩在叢林中的自然行為，例如製作和使用工具、社交互動和社交訊號。不過，正如我們不能指望圈養的狼會像野狼那樣嚎叫，在觀察圈養環境中的黑猩猩時，我們的解讀也應該格外謹慎。所幸，多年來有不少人對野生黑猩猩做過大量研究，其中包括我的朋友和同事，因此本章有許多重要內容是來自與他們討論的結果。除此之外，處於圈養環境的黑猩猩與前幾章提到的非洲灰鸚鵡非常相似，也展現出一些類語言學習的驚人能力，這是我們一定要納入考量的重要證據。儘管得透過手語或電腦介面，而不是直接說話，我們在動物界關係最近的親戚能學習與我們交流（起碼學到某種程度）。這件事對於了解自然環境中黑猩猩溝通的起源和本質有何幫助？鸚鵡在自然環境中也很不好觀察，按照我們的假設（或至少我對此所持的看法），就算鸚鵡有驚人的學習能力和語言技巧，但在野外牠們不太可能會使用。也許我們的黑猩猩親戚也是如此？又或者牠們確實需要相互交流複雜的概念？黑猩猩是否只是剛好擁有發展出語言能力所需的某些基礎？還是說牠們真的能說話？

黑猩猩是何方神聖？

黑猩猩很特別，不只因為牠們是我們關係最近的近親。牠們擁有會驅使並促進溝通行為的特質——具備這種特質的個體能更清晰地溝通、掌握更多資訊，從中便獲得明顯的生存優勢。由於黑猩猩生活在複雜的社會中，演化偏好動物有複雜的溝通行為。若我們不了解黑猩猩在對誰說話、為什麼說話，那就不可能理解牠們在說什麼。事實證明，在動物界，像黑猩猩這樣生活在組織複雜的社會中的生物不太尋常。上一章提到的長臂猿就和我們與黑猩猩一樣，都屬於猿類。牠們過著小家庭的群體生活，而長臂猿之間自然會相互合作，因為你的同伴也同時是家人，在牠們身上有很多和你一樣的基因。動物以小家庭形式一起生活並不罕見。事實上，最初群體生活可能就是從大家庭成員間的合作演化而來。另外也有一些動物生活在非常大的群體中，個體之間親緣關係較遠，好比說由一匹種馬所帶領的一大群斑馬。又或者採用更接近人類祖先的模式：有些大猩猩族群會生活在一起，由一隻雄性銀背大猩猩統治。當食物分布得很廣而且也充足時，往往會演化出這種由單一雄性主導的群體：一隻強而有力的雄性再怎麼厲害，也無法阻止其他所有雄性吃草，草會遍地生長！在這種情況下，雄性能獲得的唯一生殖優勢就是阻止其他雄性交配。[1]因此，如果牠們演化出群體生活，那麼到處有食物可吃的環境中，動物往往會形成僅有單一成年雄性的群體。

這兩種策略——小家庭群體和單一雄性的大群體——是迄今為止最常見的群體生活策略。但黑猩猩不同。黑猩猩主要以野果為食（長臂猿也是），偶爾也吃少量肉類，但黑猩猩只能生存在大群體中。多數黑猩猩群體是由幾十隻個體所組成——相較之下，長臂猿只生活在四至八隻的群體中。我們很難斷定黑猩猩需要生活在這麼大的群體中的單一原因，但幾乎可以肯定，這與牠們體型偏大有關——光靠一棵果樹不太可能供應足夠食物給整個家族，而且牠們需要營養價值較高的食物，這會導致與鄰近的黑猩猩發生許多衝突。就跟狼一樣，黑猩猩一天中大部分時間都在領域的邊界巡邏，看有沒有從敵對群體跑來的入侵者。由於牠們需要大量的食物，所以群體成員不會一直待在一起，而是分開行動，有時會隔幾天或幾週才再次團聚，就像第二章談的海豚那樣。在這種情況下，自己霸占所有雌性個體是不可能的。一方面，每個群體都需要大批強壯的雄性來應對邊境衝突，在四周有很多雄性的情況下，總是有機會讓很多雄性能與雌性交配。這一切催生出一種複雜的優勢位階結構——雄性會相互競爭以奪取接近雌性的機會，另外也要獲取野果及最理想的夜棲地。沒有錯，是有一隻雄性黑猩猩坐擁有名義上的「優勢」地位，但與銀背大猩猩不同的是，這個頭銜並未帶給牠像斑馬種馬那般專制獨享的權力。不過，對牠而言幸運的是，優勢雄性確實比其他雄性有更多交配的機會，只是在雌性可受孕時，其他雄性肯定也有機會與之交配。優勢雄性會試圖阻止其他雄性來與雌性交配，但牠不可能無時無刻管得到所有地方。讓整個局面更加複雜的是，優勢雄性的地位並不穩固。對斑馬群中孤獨的種馬，或對獨坐岩石頂端的優勢雄蹄兔來說，牠們的威勢搖搖欲墜——就跟人類世界的獨裁者一樣，一直都面臨他人想推翻叛變的風險。但對於黑猩猩這樣每天都生活在一群強大對手之間的動物而言，「優勢」地位只能透過與其他強大雄性複雜的結盟關係來維繫。沒有一隻個體強到能以寡敵眾、去對抗幾隻下屬雄性的反抗。

因此，黑猩猩是極政治化的動物。牠們會哄騙其他夥伴在衝突中與自己站相同陣線。牠們會密切關注誰與誰正發生衝突——如果出手干預可能對自身地位有所助益，牠們就會加入戰局。舉例來說，一隻強大的次位階雄性可能會介入比牠階層更低的雄性的鬥爭，如果牠覺得將來可以指望那隻雄性幫忙爭取大位的話，就會這麼做。黑猩猩甚至會操弄其他個體間的關係，藉此防止牠們形成太強大的聯盟。占優勢位階的雄性如果發現下屬彼此間過於友好，可能就會去與其中一隻打好關係，以免出現反對牠的勢力。想像一下，要規畫這類行為需要有多少社會認知才做得到。有時候，優勢黑猩猩甚至會輪流支持兩個不同對手，坐收漁翁之利。也許你在黑猩猩身上看出了許多人類社會中操弄人心的伎倆。這些複雜的政治陰謀還得要靠溝通能力才起得了作用。

手勢和聲音

有機會去動物園觀察黑猩猩的互動時，你會發現牠們對彼此投入的關注有多高。人類有時很難注意到黑猩猩從互相身上接收了什麼訊息；那是很細微的訊號，用來溝通周遭正在發生哪些事，而每一隻個體都會關注其他黑猩猩的一舉一動。要是有隻黑猩猩站了起來，漫步到圍欄的另一端，其他黑猩猩就會評估牠是否只是無聊，想起來活動、伸展一下雙腿，又或者牠發現了什麼有趣的玩具或食物，不想讓其他同伴發現。黑猩猩的溝通高度仰賴視覺，而且可能非常隱微。雄性黑猩猩有時會突然發怒，便不分青紅皂白地攻擊擋路的對手；牠們的飛拳和無情的大嘴一咬可能造成危險，對個頭較小的黑猩猩來說更是如此。為了避免陷入這種麻煩，皮稍微繃緊一點總是好的，因此帶著小寶寶的雌猩猩會特別小心避免捲入這類情況。黑猩猩生活於高度競爭的群體中，像這樣的物種留意各種線索、跡象就很重要，而在溫馨的長臂猿家族中則沒有必要，因為長臂猿不像黑猩猩那麼容易爆發口角爭端，這種情形就像週六晚上酒吧可能上演的衝突場面。大猩猩也與黑猩猩不同，你可能會看到一隻大猩猩在周圍有其他同伴環繞時懶洋洋打著瞌睡；黑猩猩享受不了這種安然入睡的安全感——牠們總是保持一定程度的警覺，要注意是否有麻煩出現。家庭群體的氣氛通常很和諧，但較大的群體中則瀰漫緊張氣氛，因此有必要好好留意社交訊號。

看起來黑猩猩一定會使用手勢來相互溝通，其中有許多很難被注意到，但有些則相當明顯。伸出手掌、掌心向上的動作在黑猩猩眼中傳達的是乞求訊息，跟人類差不多。

看到黑猩猩在飼育員將食物扔進圍欄時伸出手，可能會讓你以為牠們受過訓練——但並非如此，這是動物自然就會的姿勢，不管在野外或圈養環境中，黑猩猩都會這麼做。理毛也許是黑猩猩最常見的非聲音溝通形式。這些動物會用大量的時間互相梳理身上的體毛，比我們在其他靈長類中觀察到的還多得多。儘管理毛的起源必定是為了清除蜱蟲和跳蚤等寄生蟲，但黑猩猩進一步將這種基本的理毛行為深化，轉變成跟原來的理毛形式大不相同、主要功能為社交的活動。你在何時、為誰理毛，用什麼方式，統統會傳達出當下發生中的大量社交互動訊息。會是優勢位階的雄性正在招募盟友嗎？還是下層因為冒犯了上級而表示歉意？雄性是否藉此說服雌性與牠交配？要了解黑猩猩是怎麼傳達與地位、個體關係有關的重要訊息，就必須先了解牠們的肢體動作和視覺交流方式。黑猩猩肢體溝通的複雜性顯然能告訴我們關於牠們智力的很多事，以及黑猩猩的社會體系怎樣驅動了溝通的需求。這與我們在前幾章討論的聲音、叫聲等溝通媒介非常不同。以黑猩猩的溝通而言，發聲有多重要？牠們會**說**多少事？

黑猩猩確實會發出許多不同聲音，而且牠們的聲音也確實傳達不同的意義。靈長類動物學家珍．古德（Jane Goodall）在坦尚尼亞觀察野生黑猩猩後，列出了近三十種不同的發聲及其相關脈絡。其中有許多顯然與社會關係有關：例如「哇哇」吠聲（waa-bark）

是優勢的表現，「咕嚕咕嚕聲」（pant-grunt）則代表屈服。有些聲音——例如笑聲——似乎是對搔癢或玩耍的自發性反應。另外還有警戒聲，可能是針對特定的掠食者類型發出警告，但也可能不是。黑猩猩最為人熟知、也被研究得最詳盡的發聲方式是「喘氣聲」（pant-hoot）。這是一種響亮而複雜的聲音，可以在叢林中長距離傳播，幾乎可以肯定有類似於狼嚎的作用：與群體成員保持聯繫，同時宣示領域主權，也有可能在表明身分。喘氣聲是以一組相當平靜的「噢」（oooh）聲開始的，這跟你叫小朋友模仿黑猩猩發出的聲音沒多少差別。不過之後這聲音就會被一陣沙啞、刺耳的尖叫聲取代，在一、兩公里外都能聽到。接下來，黑猩猩又會回去發出一串較輕鬆的音符，幾乎可以說是要緩和剛剛放聲尖叫的緊張感。這種包含數個階段的複雜聲音序列會因個體和所處環境而異，且其中可能傳遞了相當複雜的資訊。

講到這裡，你可能會有點失望。這樣看來，我們這些

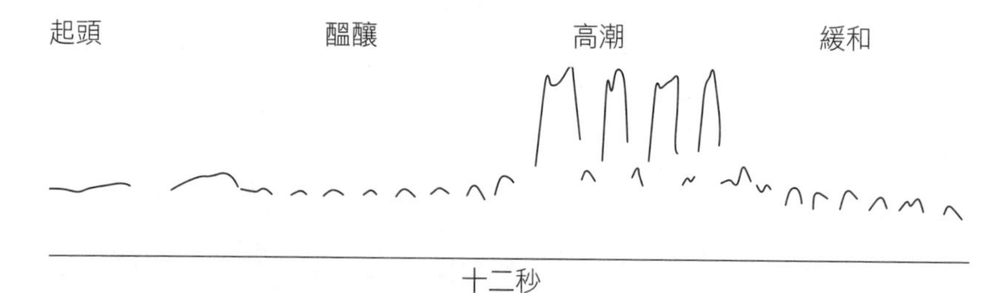

黑猩猩喘氣聲的例子。

關係最近的動物親戚的溝通方式好像也沒什麼了不起？牠們確實會發出繁複的長距離叫聲——但狼也是如此。搔癢時牠們會笑——有什麼大不了。生氣時，牠們會發出特別的叫聲；自己變成其他黑猩猩發怒對象時，則發出另一種叫聲——誰不是呢？但牠們能像海豚一樣為物體命名嗎？牠們會像大腦較小的長臂猿那樣，將叫聲組合成複雜的序列嗎？在語言能力光譜上，黑猩猩處於什麼位置？

野生黑猩猩的叫聲

有兩種方式能幫助我們了解黑猩猩的溝通能力。第一種方式：仔細觀察牠們自然發出的聲音，並檢驗那是否在向其他黑猩猩提供有關環境的真實資訊。第二種方式是嘗試教黑猩猩說話，看看會發生什麼事。

正如前一章所述，叢林是很難從事研究工作的地方。除了去野外這件事很考驗體力，在那種環境下也不容易搞清楚周遭發生什麼事。科學家可能會試著讓動物「習慣」人類的存在，好讓田野調查變得容易些；動物會慢慢習慣旁邊有安靜觀察牠們的科學家在場，也知道這些人不會構成威脅。一九六〇年代，珍・古德在坦尚尼亞的岡貝（Gombe）調查野生黑猩猩時，便首先用上這種方法。不過，即使置身於習慣有人在旁觀察的動物群落中，能蒐集到的資訊還是很有限。你可能會看到幾隻黑猩猩待在林間空地消磨時間，但在幾棵樹距離之外，一定還有其他許多黑猩猩，就躲在你看不到的地方。對於研究工作來說，這種環境很讓人氣餒——你永遠無法確定自己是否已將事情全貌盡收眼底。

當然，黑猩猩也會面臨同樣的問題。牠們要怎麼知道優勢雄性在哪裡？或是能受孕的雌猩猩位置？又或者是整個群體的其他成員在哪裡？萬一大夥已經離開，獨留你下來面對別的黑猩猩群，那該怎麼辦？這正是聲音能派上用場的地方。黑猩猩的視覺交流精細、微妙且豐富，能滿足一個複雜的社會群體所需要的複雜溝通。但前提是兩隻個體得在彼此身邊才行，而在叢林中，情況通常都不是如此。反觀聲音可以輕易穿過樹林，這樣一來，要跟視線外某個轉角處的黑猩猩保持聯繫，就有可能辦到了。換言之，我們可以預期野生黑猩猩會大量使用聲音，藉此傳遞無法光靠肢體動作來傳達的重要社交訊息。

只可惜，要將黑猩猩的聲音溝通理出頭緒並不容易。一方面，黑猩猩的叫聲與長臂猿的不同，不容易分解成相當於音符的單位。之前提到珍·古德將黑猩猩的叫聲分成約三十種「類型」，但其實那都是相當籠統的大類，而且每一類叫聲會有很大的個體間的差異，也會隨發聲情境不同而改變，甚至連同一隻個體在同樣情境中，前後兩次發出同類聲音也會有變異。第二章討論的海豚叫聲也有這種「漸變」現象，叫聲的類型與類型之間沒有明確的區別分野。但就海豚哨聲而言，哨音之所以無明顯區別，背後原因似乎與黑猩猩的情形不同：海豚哨音非常明確，具有相當純粹的音調，而且海豚能精準控制哨音的音調變化。因此，漸變的海豚哨音本身可能帶有刻意加入的訊息，也可能沒有。黑猩猩的叫聲變化則模糊得多。這是因為黑猩猩控制發聲的表現比海豚弱嗎？也許牠們發聲的確切形式主要會受情緒影響——愈是興奮，聲音就變得愈不穩定。似乎有這種可能。但黑猩猩叫聲中的細微差異是否可能承載真正的意義呢？

儘管在野外調查黑猩猩出奇困難，但確實有些發現顯示，黑猩猩的叫聲也許真的會傳達複雜訊息。多年來，圈養研究已發現，當黑猩猩找到美味食物時，會發出一種「粗糙的咕嚕聲」，聽起來與牠看到相對不討喜的食物所呈現的反應，有很大

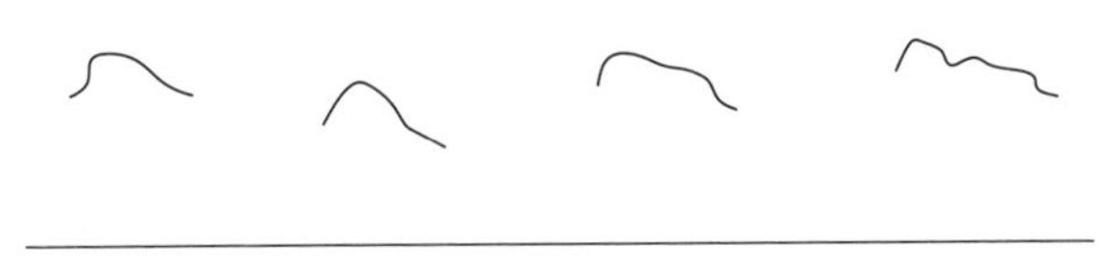

一點五秒

連續四聲黑猩猩吠叫。它們很相似（音調先向上後再向下），但以波形而言，確實大不相同。[2]

的不同。除此之外，黑猩猩聽到不同種類的粗糙咕嚕聲錄音時，會隨著聲音類型不同而表現出有所區別的反應，就看那是屬於美味麵包的咕嚕聲，還是無趣的蘋果引發的咕嚕聲。*這項發現自提出以來，類似的實驗已經重複做了好幾次，不同的實驗會加入一些變化，以確定黑猩猩是否真的會用漸變叫聲的細微差別來傳達手邊有哪種食物的訊息，又或者黑猩猩只是因美食當前而變得興奮，於是叫聲聽起來才會不同。請注意，在第二種情況下，其他聽到叫聲的黑猩猩還是有可能注意到聲音中的差異，並解讀為那代表不同種類的食物——哪怕出聲的動物原本沒有傳送此訊息的意圖。人類當然也會察言觀色：觀察到不言而喻的暗示，例如有人對你說的事不感興趣時，會用百無聊賴的語氣來回話。不過這種在無意間傳達的訊息，似乎並不符合我們理解中「說話」的定義。

所幸，對野生黑猩猩更深入的調查發現到一個可能有決定性的線索。黑猩猩會不會用叫聲表示喜愛的食物出現，取決於聽眾是**哪些**黑猩猩。具體來說，要是附近有可以受孕的雌性，那麼高位階的雄性在找到食物時，更可能興奮地發出聲音，就像想用美味的大餐吸引約會對象一樣。這種說法還有一個更有說服力的佐證：低位階的雄性在發現美味的食物時，往往會保持安靜——牠們知道，要是被高位階的黑猩猩發現，食物就會被搶走。然而，若牠們身邊剛好有較親近的夥伴，這些低位階的雄性還是會發出食物叫聲，因為牠們信任那些黑猩猩，也確定食物不會被奪走，而且分享食物能為自己帶來利益——也許是為了結盟，繼而雙雙獲得位階的提升。這些觀察結果大有可能表示：發出粗糙的咕嚕聲確實是刻意的動作，目的是要吸引其他動物一起來進食，但僅限於牠們**想**與之一同吃東西的個體。不過這裡還有個有趣的轉折：低位階的個體若先發現了其他成員沒注意到的美食，但又突然被一隻非常高位階的雄性逮個正著，那麼低位階那隻黑猩猩也會發出叫聲，彷彿是在說：「我沒有想瞞著你吃東西……真的！」

結夥狩獵

除了社交和政治手腕之外，黑猩猩還有一種行為也與人類相似。牠們會打獵。這些動物的力量、智力，甚至是暴力程度會讓某些人大吃一驚。黑猩猩並不是可愛的猴子絨毛玩偶，儘管這種形象很普遍。年長的英國讀者可能還記得，某茶葉品牌的電視廣告中，黑猩猩穿著正式服裝圍坐桌旁，還用精美的瓷器喝茶——這與野生黑猩猩真正的生活樣貌差得遠了。

＊對你來說，麵包可能不像蘋果那麼能引起趣。事實上，不同動物園的黑猩猩**確實**有不同的偏好，有些黑猩猩喜歡蘋果更甚於麵包。

雖然黑猩猩主要以野果為食，但能找到肉的話，牠們也吃。黑猩猩「釣」出白蟻——用工具從蟻穴中取出這些小昆蟲——再吃掉的行為，早有許多文獻描述過。此外，黑猩猩也會積極捕食哺乳類和鳥類，牠們最喜歡的獵物是小疣猴。黑猩猩的狩獵活動非常複雜，與狼和其他動物的策略呈現鮮明對比。狼會長距離追逐獵物，再找機會對疲憊不堪的動物下手。一般來說，各匹狼在追逐中沒有分工合作、負責不同工作的情形。相較之下，有證據顯示，一群黑猩猩在捕食小猴子的時候，各個成員會分散開來包圍牠們的獵物，不同的黑猩猩有不同的分工任務。有些黑猩猩會守住可能的逃跑路線；另一些守在獵物所在的樹木下方，以防牠們往地面逃走；還有一些會衝向猴子。儘管狩獵活動具有普遍性，但並不十分常見，而且研究人員無從得知哪裡可能有狩獵要開始了。因此，仔細研究這種活動的機會很有限，我們對黑猩猩捕食獵物的策略理解得也不完整。也許在我們看來是協調合作的行為，只不過是每隻黑猩猩想到從這場行動分一杯羹的最佳手段。換作是你，要是看到多數的逃生路徑都有人把守，只剩下一條路，你自然也會去那裡：說不定疣猴會直接跑來自投羅網！但這樣就不算是真正的協調合作。老樣子，我們又在這個問題上卡住了，因為沒辦法法直接問動物牠們到底在做什麼。

一些科學家認為黑猩猩在外出狩獵時確實會互相交談，真的是這樣嗎？。一項二〇二二年的研究聲稱，黑猩猩會利用「吠叫」聲強化狩獵時的合作關係。我們不能完全確定牠們是如何解讀這些吠叫聲，但聲音所要表達的，可能不僅僅是「來吧！狩獵時間到了！」。就以一件事來說，這類吠叫聲會用在許多不同的情況中，例如看到蛇時，或是在移動中；在每種情況下，吠叫聲都有細節上的差異。我們隨意稱之為「吠叫」的聲音，也許黑猩猩聽起來是不同的聲音，而每種叫聲都有其意涵。無論如何，只要看看吠叫聲的聲學分析，便可清楚看到這些叫聲顯然是有足夠的複雜度，能夠包含分別適用於不同情況的資訊。

科學家研究了黑猩猩吠叫在狩獵中的作用後發現，牠們狩獵前吠叫得愈多，狩獵就愈成功。可能有人會很想解讀為：黑猩猩是在**規畫**狩獵活動，但當然不必這樣想，何況也不太可能。狩獵前的吠叫可能是在傳達某些重要訊息，也許是確定獵物位置。不過，狩獵前集體吠叫一下也可能有助於狩獵表現——就像足球比賽上場前，運動員齊聲喊隊呼一樣。就目前有限的黑猩猩狩獵研究來看，牠們在狩獵過程中似乎並不會真的協調合作——沒有你依據人類打獵行

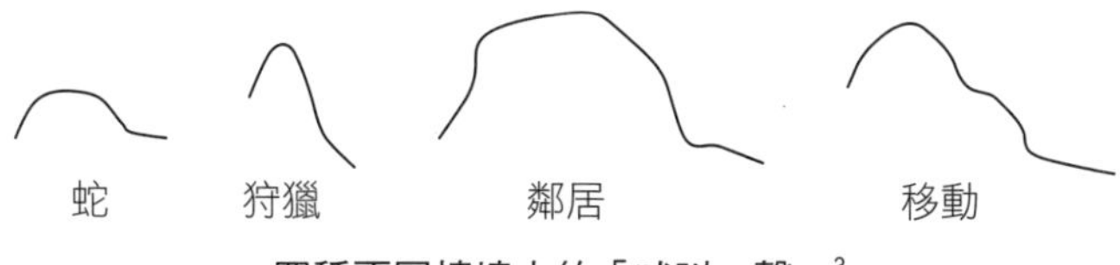

四種不同情境中的「吠叫」聲。[3]

為想像出的場景：「你走到猛獁象的左邊，我繞到右邊去……」一旦開始追逐獵物，整個場面看起來就像一場大混戰。即使在拿下獵物後，參與狩獵的動物也不會大方跟很多同伴分享戰利品，這一點跟狼群不一樣。誰先抓到疣猴，誰就能先咬一口，不過位階更高的黑猩猩大可以來搶走獵物就是了。正因為在狩獵後並無分享獵物的行為，這一點常被提出來反駁「黑猩猩狩獵活動中存在複雜溝通」的主張：每隻黑猩猩都只是為了填飽自己的肚子，而不是依循某種紀律而行動。

除了狩獵，黑猩猩可能還會為了其他目的而協調團體的活動。之前就流傳過許多黑猩猩齊心協力智取飼育員、大膽逃出動物園的故事。研究員兼動物園飼育員安德魯・哈洛蘭（Andrew Halloran）在他的《猿之歌》（*The Song of the Ape*）中風趣描述了一件真實事件：五隻黑猩猩組成的群體——不久前剛被推下領頭位置的雄性黑猩猩希基（Higgy）和牠的四隻親密夥伴——竊取一艘沒固定好的小船，從圈養牠們的小島上逃之夭夭，牠們彷彿乘著威尼斯的貢多拉那樣，滑過運河跑了。這種冒險行為透出運用智力和合作的氣氛，甚至可能是經過協調的結果。該怎麼讓其他黑猩猩知道何時要開始逃亡？如何幫忙彼此坐上船？當然還有——要如何駕船航向自由？哈洛蘭對此下的結論是：「牠們之間一定存在某種極其複雜的溝通形式。」但據我們了解，可能不是這麼回事。必定存在極複雜的「理解」，但溝通似乎非一定必要。希基上船時，牠的盟友可能已經理解到逃跑這個企圖，並決定加入牠，但這並不表示希基有叫牠們、解釋牠的計畫，或者下達命令。如果能認知並理解正在發生的事情，那麼即使沒有溝通，也可能催生出程度驚人的協調行為。黑猩猩的狩獵大致也能以這個道理來解釋。沒錯，牠們做的事確實比我們在羊、魚或鴿子之間看到的行為更具協調性、更精明，但這只不過展現出牠們的社會認知、對群體中其他成員觀點和意圖的理解。雖然「黑猩猩趁著飼育員不注意，竊竊私語謀畫逃亡」是很誘人的說法，但展現「合作」甚至相互「協調」的能力不見得能說明動物確實會透過**交談**傳達意圖。

事實上，科學家仍不確定，黑猩猩在有特定意圖的情況下能傳達多少具體訊息。如果高喊隊呼可以提高狩獵成功率，這件事是很有意思，但我想多數人不認為這算得上狩獵中的溝通。儘管如此，若像吠叫這麼複雜的溝通既會在狩獵中用到，又可能包含複雜的訊息，那麼這種訊號至少就有用於相互協調的可能性。最起碼，這為具備額外認知能力的物種（例如我們的祖先）奠定了更積極主動的協調基礎，動物便能在狩獵中善加利用這些複雜訊號。我們的另一個祖先：南猿（*Australopithecus*）大約是在人類與黑猩猩共同祖先之後一、兩百萬年演化出來，南猿運用狩獵叫聲的方法會比現代黑猩猩更複雜嗎？答案我們可能永遠不會知道。可以肯定的是，在生命演化之路上某個時間點，我們的祖先學會了以更複雜的方式來使用聲音，而他們的表親——黑猩猩的祖先卻沒有。不過，要利用各種聲音辦到規畫狩獵活動這麼複雜的事，我們的祖先得要有更強大的大腦和認知能力，才可能藉以學習聲音和意義之間各式各樣的關係。據推測，我們的祖先在某個時刻又意識到，以不同方式來組合聲音還能產生更廣泛的意義。黑猩猩能做到同樣的事嗎？要找出答案，有一種方法就是去測試看看，並觀察黑猩猩能學會多少人類語言。

教黑猩猩說人話

晚近一百年來，一直有人嘗試教導黑猩猩說話。早期的實驗算是有些小聰明，但現在看來，研究倫理上似乎不無問題。一九三〇年代，心理學家溫索普．凱洛格（Winthrop Kellogg）和盧艾拉．凱洛格（Luella Kellogg）將一隻黑猩猩寶寶古亞（Gua）跟兩人的孩子唐納（Donald）養在一起，把牠當作家中的一分子。不用說，唐納的語言發展相當正常（儘管小時候他有發出某些黑猩猩聲音的傾向），但古亞卻一點也沒有要說話的樣子。從今天的角度看來，這麼粗糙的實驗顯得很荒唐可笑，但別忘了，當時的人對動物溝通所知無幾，沒人能確定古亞長大後有沒有可能像唐納一樣開口說英語。如果沒人試過，就沒人有答案。經過訓練後，黑猩猩可以做到許多人類能做的事（例如騎自行車、用茶杯喝水），那為什麼不能學會語言呢？

這個實驗最重要的結論是，古亞之所以學不會說話，也許是因為黑猩猩缺乏發出人類聲音的適當身體構造：我們祖先演化出的肌肉、神經和骨骼，組合在一起便賦予發聲靈活的彈性；這是人類口說的基礎。事實上，古人類學家在思考「我們的祖先何時演化出語言？」這個問題時，主要（也是為數不多的）線索就是觀察古代人類祖先的化石，以此追蹤喉嚨骨骼的變化及其他人體構造的新突破。黑猩猩發得出聲音，但牠們無法發出**人類**那些聲音——牠們並未長出合適的身體構造。

到了一九六〇年代，世人開始對黑猩猩行為有了新的認識。珍．古德的革命性發現讓當時的科學家理解到，黑猩猩社會及黑猩猩相互溝通的方法有多麼複雜。也許是受此啟發之故，在一九六〇年代末，碧翠絲．嘉德納（Beatrice Gardner）和艾倫．嘉德納（Alan Gardner）這對科學家夫婦養了一隻年幼的黑猩猩瓦蘇（Washoe），將她當作家庭成員來撫養，但他們沒有像過去教導古亞那樣教她用聲音交流，而僅僅教她手語。那時科學界已經知道，黑猩猩在野外溝通主要仰賴視覺交流。黑猩猩置身於群體複雜的社會結構和個體關係當中，若想調解或插手某事，那就得認真關注其他成員微妙的手勢和肢體語言，以及諸多藉由視覺傳達的跡象，例如搖晃樹枝、怒氣沖沖四處跺腳。本書談論的聲音交流是一種遠距離的訊號，但並不是說它的重要性就較次等，也許這表示此種溝通管道較不細緻、微妙。在叢林中可以大喊：「這裡有食物！」，但大喊：「我愛你！」似乎就不太實際。美式手語的自然語言豐富，而且（除了用到手部之外）並不講求複雜的器官構造，看起來正是人類與黑猩猩溝通的完美管道。因此，最初對於教會黑猩猩用手語來溝通的期望甚高：若這些動物天生就會留心微妙的手勢交流，手語一定能輕鬆學起來吧？

教導瓦蘇確實產生了一些有趣的結果。她學會了很多種具體的名詞（如「球」、「起司」和「狗」）和動詞（如「走」、「關閉」和「搔癢」）。她可以把這些語詞用得很好，表達出她想要什麼物品，或描述她想要做的事。她也懂得組合這些詞，造出有意義的句子（例如「你搔我癢」）。能夠理解語言的個體就有辦法掌握概念，再指出符合大概念的所有事物。例如，學到「葡萄」時，你會知道那代表**任何**的葡萄，而不只是放在桌上的那一顆。「狗」指的是各式各樣的狗當中任何一種，而且不同品種很多還長得天差地別。大多數人——語言學家、心理學家和一般人——都會同意，如果沒有這種能力，你就不算有語言。瓦蘇或許能將「狗」和「花」等語詞進行概念化理解，而這顯示出，她多少懂得名稱當成籠統標籤使用的功能。

繼瓦蘇之後，在一九七〇年代初，蘇・朗博（Sue Rumbaugh）和杜安・朗博（Duane Rumbaugh）也用拉娜（Lana）這隻黑猩猩及後來的倭黑猩猩坎茲（Kanzi）來做實驗。他們沒有讓拉娜和坎茲在人類家庭中長大，一邊學習類似人的語言，而是讓牠們藉由電腦學習一套符號組成的人工語言，又稱為符號字（lexigrams）。拉娜可以在她的房間裡隨意使用電腦鍵盤，而鍵盤上刻有複雜的符號，每個符號代表一個不同的概念——當然，她一開始並不知道這一點。漸漸地，她學會了不同符號的含義，還能加以組合、構成有意義的句子，其中包括為自己爭取更多自由，例如：「拉娜到房間外面喝這個？」

毫無疑問，黑猩猩做到前面說的這些事相當令人驚艷。但瓦蘇的實驗，以及在牠之後的拉娜（二〇一六年死亡）和坎齊（至今仍在敲寫他的符號字）的研究都引起了激烈爭議。而其他猿類的訓練甚至引來更多批評，尤其是大猩猩可可（Koko）；牠的訓練員佩妮・帕特森（Penny Patterson）在一九七〇年代末聲稱可可已學會人類手語，還能進行複雜的對話。牠最著名的就是曾與演員羅賓・威廉斯（Robin Williams）互動。有些科學家認為，這些動物的語言能力完全是假的；有些則認為真有其事，不過與何謂真正語言

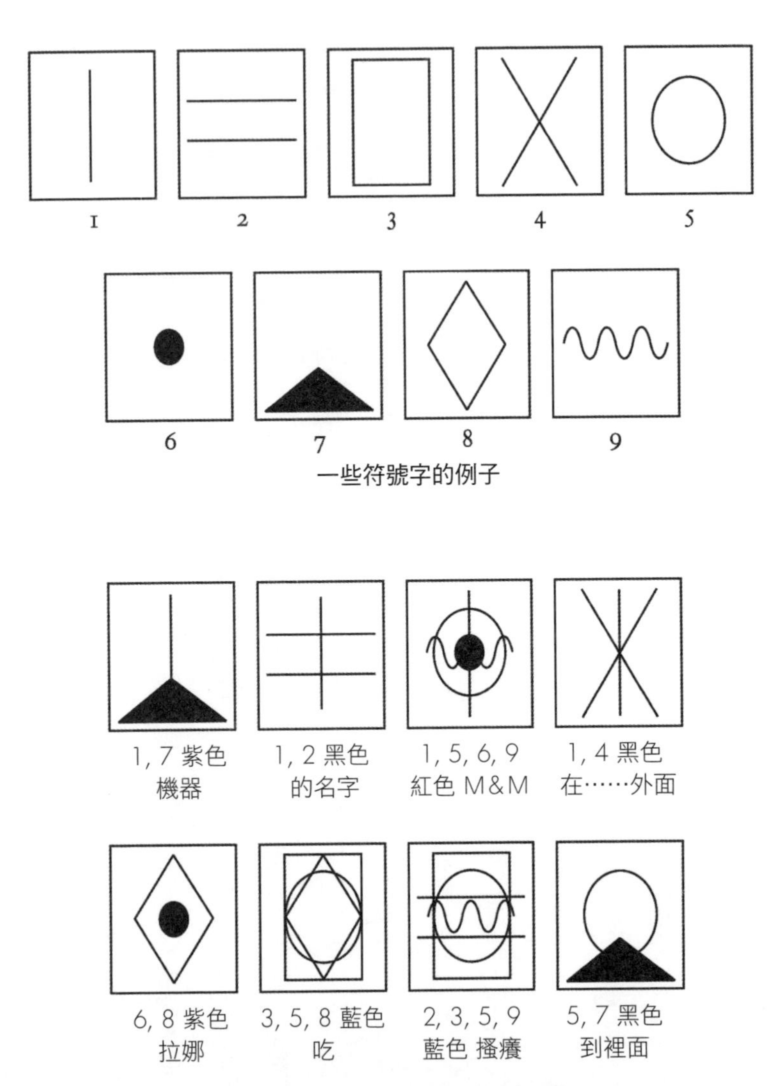

一些符號字的例子

一些拉娜用來表示不同概念的符號字

的探討無關。還有些科學家認為，前面這些實驗結果被以微妙的方式曲解。其中一個最有力的批評出自一九七〇年代末所執行的研究計畫；過程中，各項條件都受到精心的控制，其研究對象是名叫尼姆（Nim）的黑猩猩。最後這個計畫得出結論：黑猩猩並未確切理解手勢的組合，只是有點隨機地組合不同手勢，直到碰巧矇到正確答案為止。因此，就算這些動物看似確實有能力學習語詞及其含義，但我們仍不清楚牠們是否知道語詞還能組合成句子，用來描述更複雜的概念。批評者會說，當瓦蘇比出「你搔我癢」時，「你」、「我」和「搔癢」這每個語詞她都理解，但只是隨便比一比，隨後就有個人很興奮過來搔她癢罷了。

最後這引發了浩大又極具爭議性的離題討論，圍繞著動物是否會說話的議題，各界人士各說各話。過去五十年來，語言學家、哲學家、心理學家和動物行為學家一直在激烈爭論：黑猩猩瓦蘇、拉娜和尼姆，以及倭黑猩猩坎茲和大猩猩可可這些受過訓練的動物是否真的有語言？語言學家對於真正的語言的定義非常嚴格。比方說，在語言裡要能區分有作為的「施事者／主詞」（agent）和承受此行為的「受事者／受詞」（object）。這一點確實很難反駁；如果連主詞、受詞都分不出來，很難想像那怎麼算掌握一種真正的語言。至於其他幾種語言的標準看起來就不太明確。有人聲稱，使用真正的語言的說話者得要能表達自己的情緒和感受，而不僅談論周圍的世界。圈養黑猩猩的語言實驗很難證明這種動物能否表達內在心理狀態。不過，這是某些語言學家在批評上過於吹毛求疵的表現；我們已經知道，野生黑猩猩會表達歉意、互相安慰，也會尋求安慰。將情緒和感受的表達視為「語言的」特性就錯了——這其實是**社交**的特性。

關於動物是否有語言，或有什麼樣的語言，以及要用怎樣的標準規範來回答上述問題，這些都非常重要、複雜且深奧。但基本上都會被我忽略。我對動物語言存在與否的是非題不太感興趣，儘管我明白這個問題確實會對我們如何看待自己、看待人類的獨特性有巨大影響。只是對我來說，更有趣的問題如下：我們可以教會動物「說話」到什麼樣的**程度**？而這件事又會透露哪些牠們在野生狀態中溝通的真相？這些動物是什麼？牠們彼此在說什麼？這種溝通方式是怎麼演化出來的？從中我們能得知多少關於人類語言演化的事情？閱讀至此，你可能已經從我們的探討中了解到，我並不認為能靠單單一個測試，就將使用語言的人類與不使用語言的動物區分開來。我想知道的是，動物需要對彼此說什麼，以及那又是怎麼影響牠們學會與我們溝通的能力。即使你不相信瓦蘇和可可真的理解牠們自己比的手語，但**在某種程度上**牠們有辦法向人類表達意圖和願望，光這件事就是非常重要的觀察。

福斯塔夫：「這個世界多麼容易撒謊！」（莎士比亞，《亨利四世》，上篇）

關於黑猩猩的行為，還有件事值得一提，因為那與「擁有語言可能需要怎樣的認知能力」的問題有驚人的相關性。黑猩猩會說謊。更精確地說，牠們會欺騙。有很多軼事傳聞都指出，黑猩猩在野外和圈養環境中會有欺騙的行為。前面已經提過，如果某隻黑猩猩發現特別美味的食物，牠可能會默不吭聲獨自享用，除非附近其他黑猩猩是牠們願意分享食物的對象。更重要的是，黑猩猩似乎能掌握「其他個體不知道你所知道之事」的概念。這在認知能力上是巨大的躍進。事實上，有些人覺得這麼重大的認知躍進，幾乎能用來主張這些動物也有「人格」（personhood）。為什麼？因為若你知道別人不知道你所知道的事，那麼這相當於你擁有「自己**身為一個個體**」的概念。生活在黑猩猩群這種合作–競爭型社會中，具備「角色取替」（perspective taking）能力會為個體帶來明顯優勢。要知道的東西有很多，知識會帶來力量，而力量是推動你在社會階層上升或下降的動力。因此，意識到自己知道別人所不知的事情，能為演化創造優勢。

為了測試這一點，科學家通常會安排一隻黑猩猩當「觀察者」，在現場觀看整個實驗中發生的所有事情，然後再找來第二隻黑猩猩當「受試者」，牠會進入放有兩個箱子的圍欄。一個人會走進去，把食物放在其中一個箱子裡。接著簾幕降下，「受試者」便看不到後面發生的事，這時候食物會被人偷偷換到另一個箱子裡。「觀察者」從頭到尾都**能**看到發生了什麼事，也看到科學家的「兩面手法」（至於觀察者對欺騙其他黑猩猩的科學家有怎樣的道德判斷，我們就不得而知了）。簾幕升起，受試者可以接近箱子了。牠們會去哪裡？當然是直接朝已經空的箱子而去。牠們不知道食物被人挪走了。這時觀察者會作何反應？如果觀察者沒有自我意識，無法區分「我」和「你」，那麼就會對受試者的動作感到震驚。「傻瓜，弄錯箱子了！牠們怎麼可能不知道？」看到食物被移走後，觀察者會假設受試者也知道這一點。但如果黑猩猩**確實**曉得「自己所知道的事，別人不一定知道」——換言之，如果牠們知道「我」和「非我」的區別——那麼就不會對受試者的反應感到驚訝：「牠們當然會上當——牠們沒看到食物被挪走了！」科學家可以透過精細的測量方式來判斷觀察者「驚訝」的程度，例如追蹤牠們的眼球運動。如果你看過《黃昏三鏢客》（*The Good, the Bad and the Ugly*）這部電影，以及在它劇情最高潮時的墨西哥對峙場面，你就會明白我的意思。不出所料，黑猩猩**確實**能察覺「牠們知道的事，其他個體不見得也知道」。

這一點不僅展現在食物相關的事情上。法蘭斯・德・瓦爾（Frans de Waal）在他的

《黑猩猩政治》（*Chimpanzee Politic*）中描述了一隻年輕的雄性想要與雌性交配，這時突然發現地位更高的雄性正在接近……牠會有什麼反應？這隻雄性很迅速用手擋住勃起的陰莖，整套動作幾乎可以說是滑稽。兩隻友好的黑猩猩會互相理毛，但高位階的雄性走過時，牠們會立即跳起來，背對著對方——我們幾乎可以想像牠們若無其事吹著口哨說：「我什麼都沒做！」為什麼這種鬧劇會跟人類的故事有關？因為如果不知道別人對世界的看法與你不同，那最多你也只能表達自己的感受——「我餓了！」或「走開！」；但你若知道其他人所不知道或不清楚的事，或至少與你所知不同的事，那麼「有意識要溝通特定的想法」就可能發生。「去看另一個箱子，傻瓜——食物在那邊啊！」或者「沒有，長官，我真的沒有調戲她……」——可以想像，這兩種溝通方式在黑猩猩群體內糾結混亂的關係中都很有用。

有可能編出一本黑猩猩字典嗎？

目前我們對黑猩猩的溝通方式有更深的認識嗎？可以看得出那與語言有任何相似性嗎？當然，有一個可能的情況：我們對一種真正的語言所設的條件——比如包含語法、句構、主詞與受詞——只反映出用來檢驗**人類**語言的條件。瓦蘇並未像人類兒童那樣將句子結構廣泛應用——批評者放大檢視了這件事。事實上，瓦蘇似乎不理解語詞的順序與句子的意義有關聯。缺少這個概念，是因為她不具備語言的先決條件？還是她不具備**人類**語言的先決條件？人類的兒童顯然天生就有使用人類文法的傾向，這樣看來，我們要求黑猩猩達到同樣的標準是否公平？也許黑猩猩依循的是牠們自己的遊戲規則，也許牠們有自己的語言，只是我們盲目到無視它的存在？

上述說法是一種很常見的主張，但不無缺陷。暗示世界上有某種永遠無法證明其存在的東西（好比說小仙女）很容易。但最終，這種論調不會帶來任何幫助，幾乎沒讓我們增加什麼關於動物本身的認識。從一九六〇年代的珍．古德開始，一直到今天包括我自己一些學生在內的新生代科學家，這些研究者已經累積好十幾年對野外黑猩猩交流行為的觀察資料。整體而言，這些動物的溝通方式與其他靈長類非常接近。靈長類的溝通方式與其他哺乳類頗為相似。在野外觀察黑猩猩交流，看牠們互相威脅、和解、索求和分享食物、學習新技能，甚至合作狩獵或保衛群體；這些事看起來很近似於其他非人類的動物交流。儘管在許多方面，黑猩猩比其他哺乳動物複雜，但本質上並無不同。黑猩猩的溝通方式與本書提到的其他所有動物都很相似，不管是狼、海豚、鸚鵡、蹄兔，還是長臂猿——很出乎意料之外，畢竟這些動物南轅北轍。沒有證據顯示，黑猩猩在野外使用的語言殊異程度大到我們無法辨識。儘管黑猩猩的認知甚至於技能都很繁複，但牠們發出聲音往往都是出於本能。有位同事跟我講過他觀察到事情：一隻優勢雄性正在休息，沒有太注意牠所囤積的肉；這時，一隻年輕的雌猩猩開始偷偷靠近牠，希望趁牠一時不察弄到一點食物。但步步逼近的同時，雌猩猩嘴唇也隨之開始顫抖——明顯可以看出努力克制發出聲音的衝動，但結果不太成功。在最後一刻，雌猩猩還是功虧一簣，發出一聲粗糙的咕嚕聲，那是食物的呼聲。可想而知，雄猩猩跳了起來，也把肉搶回來。有時，出聲是動物控制不了的事。在某些方面（不見得百分之百），黑猩猩就跟其他動物一樣，是順應本能來溝通的。

儘管如此，黑猩猩確實有些適應力，能夠學習人類手語或符號字。這種特殊能力是其他物種（除了非洲灰鸚鵡）不曾展現過的。這表示，黑猩猩已經產生某些適應，有助於語言的發展，而且很可能是從我們共同祖先那裡繼承下來的。若真是如此，也許第一批開始像我們一樣說話的人類，就是靠著與現代黑猩猩同樣擁有的大腦構造和認知技能才做到的。那會是什麼樣的適應力？我們在黑猩猩的行為中能找到哪些線索？

哈洛蘭在他的《猿之歌》中列出了黑猩猩「字典」，包括十九種不同的聲音，分別有不同的意義，如「哈利路亞！」、「我需要幫助」和「來這裡」；每一種意義都可連結到非常特定的聲音。這是很大膽的想法。那能將我們導向有建設性的方向嗎？有部分是可以的，從中能看出黑猩猩相互溝通時所傳達的特定訊息。重點在於我們要知道，這些動物確實有能力告訴朋友和敵人牠們想要什麼、正在做什麼，以及希望別人做些什麼。但從另一方面來說，這種「字典」的意義也不大，因為它太過於傾向人類所理解的語言概念。就連「字典」這個詞的用法也暗示了，特定聲音和特定含義之間存在一對一的關係。在動物中，這樣的關係通常是找不到的。某種發聲可能會引起某種反應——光是這類發現通常就能讓動物行為研究者雀躍不已。沒有多少動物表現得出這種程度的特定性。要說某種發聲具有某種意義，還差得遠。到頭來，僅限於使用一組不相關的語詞來交流，其實也稱不上一種語言。若你無法藉組合字詞的方式創造出新的意義，那麼所能表達的概念總數就只相當於你擁有的詞彙量。

凱特・哈拜特（Cat Hobaiter）是黑猩猩溝通的研究權威。最近，他剛與研究員克斯蒂・葛雷罕（Kirsty Graham）共同編寫了一本包含近九十個黑猩猩和倭黑猩猩手勢的「字典」：BonoboBOT，[4]不過更恰當的名稱應當是「詞庫」而非字典。兩人頗恰如其分地未賦予每個手勢特定的含義，而是收錄一系列明顯用來傳遞訊息的訊號——縱然訊息往往都有點模稜兩可。以各種複雜的方式結合手勢、傳達出多樣而複雜的想法，這件事黑猩猩能做到什麼程度？對於這個問題，目前所知不多。然而，從瓦蘇和尼姆等黑猩猩的人類語言實驗來看，答案似乎是「程度有限」。要從事大量的社交調查和操縱，用有限的語彙就能辦到，而對黑猩猩來說，光是這樣似乎就夠了。

安德魯・哈洛蘭也盡量避免拿黑猩猩的溝通去和人類語言做微不足道的比較。相較於大猩猩可可這隻動物受訓後表面上看起來在說話的情形，我們真正想看到的是猿類發自內心地「說話」。就如哈洛蘭所言：

> 就算在那次網路聊天中，可可真的流利使用了人類的語言、展現說話好口才，但與我們所觀察到那些隨心所欲彼此溝通的黑猩猩相比，這件事就遜色了……每當我們試圖把黑猩猩看成人類的低階版本時，便會看不到照自己方式而活的黑猩猩有多麼令人讚嘆。

那麼這些最像人類的動物到底是怎麼一回事？牠們有辦法學習用字詞和句子與我們溝通——又不完全是我們所理解的那種句子。牠們建立的關係網絡可以和我們的人際網絡複雜度媲美。牠們會合作狩獵，也會對敵人發動祕密突擊，而在整個過程中，只會用上少數聲音。黑猩猩似乎擁有演化出語言的良好基礎：大腦、社會和發聲能力，但卻沒有真正的語言——不然就是牠們隱藏得很好。黑猩猩可以利用溝通來協調狩獵活動——牠們似乎有溝通能力——但牠們並沒有這樣做。鸚鵡也有類似的能力，但我們不清楚鸚鵡在野外會拿這種說話能力做什麼。黑猩猩看似最能從說話這件事獲益。若我們離開這個世界一百萬年，等到再回來時，地球上會和《猩球崛起》電影一樣，出現會說話的黑猩猩嗎？牠們是否正「走向」擁有語言的路上？

不能這麼說。黑猩猩和人類的共同祖先可能具備今日我們在黑猩猩身上所看到的類似能力。為了應對動物所在生態棲位的複雜性，牠們演化出高度發展的大腦、複雜的社會結構，以及足夠的溝通靈活性。這些祖先一部分的後代在演化之路上走向得靠合作狩獵來生存的生態棲位，而另一部分則演化成生活在肉食只占飲食中很小部分的生態棲位。一支譜系演化出語言，另一支沒有。有的後代開始積極拓展人類的生態棲位，另一些後代在叢林中獲得有利的生存優勢。黑猩猩並不是低階版本的人類。牠們的適應力非常好，有自己的生活方式，就不勞人類費心了；更何況，坦白說我們多數人在黑猩猩社會中，應該很難活過一週。連一天都很勉強。若現代黑猩猩的溝通能力與六百萬年前我們的共同祖先很相似，這件事當然很有意思——前提是這是實情的話。但我們無從得知。也許今天的黑猩猩所占據的生態棲位與我們共同的曾、曾、曾……祖父母輩並不同，因此兩者的溝通方式也有所差異。在思考動物的「語言」時，記住下面這一點會很有幫助：牠們有自己的需求，不多也不少。無論與我們再怎麼相似，牠們的溝通都不會像我們所使用的那一種方式，而會像**牠們的**方式，也應當如此。

第七章　人類（讀者你）

人類是多麼精妙的傑作！多麼高貴的理性！
多麼廣大無窮的力量！儀態與舉止
多麼清晰美妙！動作多麼形似天使！
智慧多麼有如天神！世間的美事！
拔萃於眾生靈之間……

——莎士比亞，《哈姆雷特》，第二幕第二景

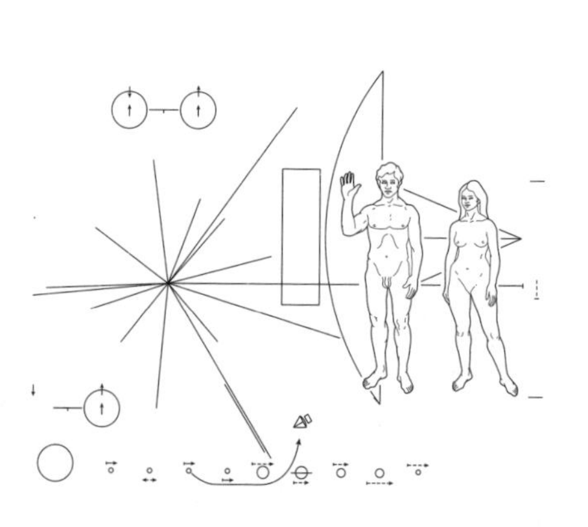

「拔萃於眾生靈之間！」我們真的是那樣嗎？當然，這種想法很普遍（至少在人類之間），雖然莎士比亞筆下的哈姆雷特在說出這段話時不無戲謔意味。

「……廣大無窮的力量」？我想，就目前人類的整體狀況來看，無論你是憤世嫉俗

者，又或者抱持樂觀主義，都必須承認這種說法不無道理。我們人類有語言，而且是在數量上無限的語言：能講得出過去曾被講出口的任何內容，也能說出任何有可能被言說的話。就算是去查考世界上最聰明、最健談的動物，一如前幾章所談的內容，我們也沒有在那些動物身上找到與人類語言相似的東西。到目前為止，我一直避免給語言明確的定義，不過我也暗示過好幾次：在我看來，語言一定是某種無上限的東西。或者更準確地說，語言是廣大無窮限的力量。如果一種語言基本上無法表達可能發生的**任何事物**，那麼它就不是語言。只要用幾個語詞，再加上句法的力量，我們就能將為數不多的詞彙結合起來，形成豐富的小說、尖銳的政治辯論和嚴謹扎實的科學論文。無論海豚能不能互相交談，我們都不認為這種動物寫得出戲劇，或有辦法背誦一段獨白。人類做得到。我們與其他動物之間似乎有本質上的差異。

然而，事情不會像表面上看起來那麼簡單。觀察了狼、海豚、鸚鵡、蹄兔、長臂猿和黑猩猩之後，我們發現許多人類特有而牠們做不到的事，但同時也發現人和動物間有許多共同特徵。動物會表達情感、叫對方名字、用複雜的方式組合聲音（有時還以此承載複雜的意義），甚至有辦法與人類進行清晰的對話。人類似乎迫切想在我們和其他動物之間找到一條清處的分界線，而語言能力似乎是最有機會、最有力的選項：要過了語言這嚴峻的一關，才算是人類。過去一度認為人類是唯一會使用工具的動物。我們的祖先巧人（*Homo habilis*）曾被認為是第一個製造出斧頭和刀等石器的生物，所以才得到這個名號——拉丁文*Homo habilis*的意思是指「手巧的人」。然而，我們現在知道其他動物也會使用工具。當珍・古德在坦尚尼亞的岡貝觀察到黑猩猩用樹枝把白蟻從蟻穴撈出來時，「她的指導教授路易斯・李基（Louis Leakey）說出了那句傳世名言：「現在我們必須重新定義工具、重新定義人，不然就是接受黑猩猩是人類。」也許語言並未如我們期望的那樣，將人類和非人類明確區分開來？也許我們的語言並不像世人所誇口的那般獨特。

在越南研究長臂猿時，我和兩位講英語的研究夥伴在叢林裡一間小屋住了兩週，那個地方和最近的村莊有幾小時路程之遙。我們是由六位完全不會說英語的當地森林護管員陪同。我們不會說越南話，對當地泰伊部落語言的掌握也僅限於「祝你健康！」和「乾杯！」之類的祝酒詞。不過我們還是設法過完那兩週。想當然爾，我們能做到簡單的日常合作事項，例如在同一個地板上睡覺、張羅食物和吃飯。我們也有一些社交互動，例如早上五點起床時，大家睡眼惺忪地勉強共享甜到膩人的咖啡。或是玩複雜又難懂的賭博遊戲——沒人解釋過規則（也不確定是否有規則）。從很多方面來看，我們這些科學家與一群黑猩猩沒有多大的不同：透過彼此能理解的微妙訊號來應對從覓食到社交互動的所有事；用誇張的手勢澄清誤會；憑直覺得知彼此的情緒、意圖和想法。我們將人類引以為傲的語言丟在一邊。當然，要是我們的祖先沒有語言，那就無法合作製造出飛機，我們也永遠不可能飛過大半個世界，而且在機場報到時，我們還得告知櫃台自己要靠窗或靠走道的位子。但在我們與其他人的社交互動中，很多時候語言本身泰半都居於次要地位。這群森林護管員甚至幫助我們使用複雜的科學儀器蒐集複雜的數據，那次野外調查相當成功，而且多半工作都是靠大夥賣力比手畫腳、搭配誇張的手勢來完成。在我們

即使在語言幾乎不通的情況下，我們不僅能夠共存，還能合作、共享東西，甚至執行複雜的技術操作。

無法使用那「廣大無窮的力量」時，依然進行了大量的溝通交流；有時候，這種情況會變得很明顯，而我們和我們非人類的親戚之間的界限似乎也消失了。

我們與其他動物究竟有多麼不同？很顯然，相較之下我們做得到更多「事情」；再次借用道格拉斯・亞當斯的觀察：我們有能力創造輪子、紐約和戰爭。毫無疑問，人類的大腦和非人類動物大腦之間有性質上的差異。但這一切的問題點真的在於語言嗎？

終於要幫語言下定義了嗎？

我怎麼可能寫一本探討人與動物、動物與動物，以及人類之間如何溝通的書，卻不提出「語言」的定義？到目前為止，我一直刻意迴避，留下這顯而易見的闕漏。我必須承認，我不確定是否**有可能**提出一個明確且眾所接受的「語言」的定義。我也不確定是否應該要這樣做。儘管如此，這個問題仍然很重要。如果語言確實是人類和非人類之間的分野，那麼最好還是要很確定我們知道何謂語言才行。

換個角度說，我們也大可不必擔心這問題。首先，有可能就是提不出很好的定義。若真的將語言當成劃分人類和非人類的界線，我們就得格外謹慎，因為對分界下錯誤定義絕對比沒有定義來得更糟。我們可能為了想要有獨一無二的地位，而採用嚴格的定義語言的方式，好讓黑猩猩、海豚跟人類壁壘分明。又或者，可能接受了寬鬆的定義，但卻發現我們為此而懊惱——無法解釋何以人類與其他動物如此不同。會不會有一種情況：定義根本**不可能**存在？如果語言就像海豚的哨音一樣，只是連續的光譜呢？有些動物有一點點（例如蹄兔），有些動物有很多（例如鸚鵡），而我們人類則有最巨大的語言量？

遇到這種情況，我們會想辦法靠量化來理解問題。科學家喜歡量化。也許可以衡量動物能傳達多少概念，以此當成「語言能力」（languageness）的標準；這並非沒有道理。我們知道有許多物種會發出少數幾種叫聲，代表特定威脅出現的警告；鳥類會發出「嘶——」的叫聲，而靈長類會有牠們關於「豹！」和「蛇！」的警戒聲。這些動物可能有能力相互傳達一、兩種甚至五種不同的具體概念，這是較低的語言程度。相較之下，狗兒可以理解數十種命令，例如「坐下」、「拿來」和「放下來」。我們的親密夥伴經過訓練後，可以在人生中常伴我們左右，牠們的語言能力似乎算是中等，而我們堅持要與狗兒溝通的心顯示牠們具備這樣的能力。另外還有鸚鵡亞歷克斯，牠可以跟別人溝通很多概念，也許多達上千個（或許數量無限；不過為了便於此處的論證，我就不再繼續主張「無限」的可能性）。亞歷克斯有很高的語言能力。那我們呢？由於有廣大無窮的力量，我們能表達的概念在數量上沒有限制。這就是完整的語言。

我們可以想像有某種「語言能力」的尺度表；人類處於最頂端，擁有無限的能力。也許可以說，我養的那隻狗兒達爾文大約能理解二、三十個概念；牠算是有「半套語言」。至於鸚鵡亞歷克斯的語言程度則達到百分之九十八。

這種方法是很吸引人，而且很實用，只不過這並無任何的理論基礎。畢竟我們實在很難判斷，語言程度達到「百分之九十八」是個什麼概念，又是否有實質意義。首先，我們真的不知道多數的動物到底能傳達多少概念。即使是海豚這類科學界已有大量研究的動物，我們仍非常不確定牠們確實說了多少事情。更重要的是，目前尚無有力的證據顯示，我們的祖先是逐步獲得傳達愈來愈多概念的能力，最終

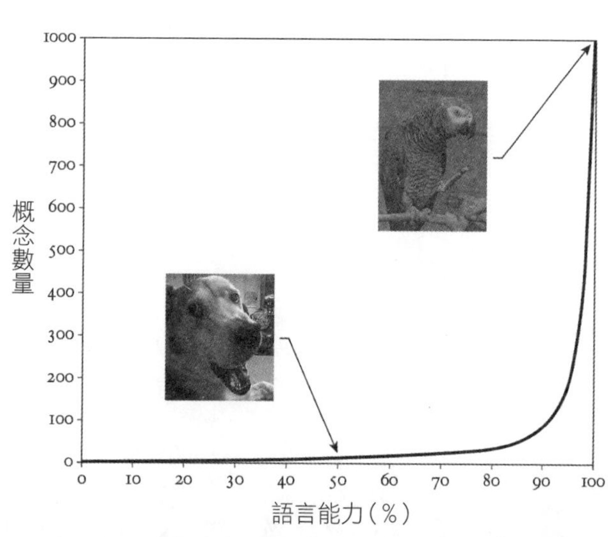

語言能力的尺度表，從沒有語言（0%）到有全套完整語言（100%），可對應到所能傳達的概念數量。

達到了數量無上限的程度。更有可能的情況是，大腦能力發生了一次躍進，或許就此巧人從表現不錯的溝通者轉變成詩人和作家。

要找出人類溝通與其他動物溝通方式間的差異很有挑戰性。直覺並不能帶來太大的幫助。也沒有什麼理論可依循。不過，我們可以做的就是問自己：「當我們跟動物交談時，實際上發生了什麼事？」

黑喉響蜜鴷：人類和動物的合作與溝通

來看看人類與動物溝通最特別的一個例子。黑喉響蜜鴷（Greater Honeyguide）是一種小型鳥類，生活在撒哈拉沙漠以南的非洲地區。這些外表不特別起眼的鳥類在野外自由地生活，但卻與人類建立起驚人的合作關係。這些鳥沒有經過馴化、圈養或訓練，卻知道人類很會破壞蜂巢，而人類之所以這樣做，是因為我們想要裡面的蜂蜜。然而，我們不擅長在廣闊的大草原上尋找蜂巢，而這種鳥每天除了從一棵樹飛到另一棵樹之外，也沒什麼可做的，卻經常能發現美味的蜜蜂幼蟲。因此，正如其名，黑喉響蜜鴷就好比我們的嚮導，會引領人類前往蜂巢所在處。這些鳥與許多東非當地人建立起相互合作的關係；嚮導和跟隨者之間也有了雙方都能理解的詞彙。不同的部落分別發展出不同的口

一名莫三比克瑤族採蜜人與一隻被網子捕捉後綁上標記的野生黑喉響蜜鴷。[2]

哨聲和其他聲音，這對人類和鳥類而言都有同樣的意義。黑喉響蜜鴷有一種特別的叫聲，意思是：「跟我來！我找到一個蜂巢！」當地人想要採蜜時，也會用某種顫音和咕嚕聲的組合來呼喚鳥類。在尋找蜂巢的過程中，鳥類和人類都會使用特定的聲音來保持聯繫，以防黑喉響蜜鴷飛得離人類太遠，也避免鳥兒失去興趣不想找蜂巢了。一到達蜂巢所在處，黑喉響蜜鴷會發出「就是這裡！」的叫聲，人類便會開開心心破壞蜂巢，兩方各取所需：人類採集蜂蜜；黑喉響蜜鴷的目標則是幼蟲和蜂蠟。

人類和鳥類之間能產生這麼驚人的溝通合作，從這件事我們能提出很多溝通相關的問題。這種不可思議的夥伴關係是如何演化出來的？難道鳥兒剛好搭了順風車？是不是黑喉響蜜鴷借力使力，利用人類本來就能說話的特殊能力：我們不僅對溝通有理解力，還會設身處地設想另一種生物的意圖——**知道**鳥兒想要我們破壞蜂巢？這種對他者心理狀態的理解能力不容小覷，在其他動物身上可能很難找到同樣的能力。又或者，人類和黑喉響蜜鴷之間的合作實際上來自我們本身的高智力和心智能力，而黑喉響蜜鴷在其中的作用微不足道、也無法帶來多大的啟發？還有另一個可能：故事可以追溯到更久遠之前。如果在獲得語言這種廣大無窮的力量前，我們的祖先是生活在到處都有黑喉響蜜鴷的世界，而人類和動物一直都會互相溝通，只不過使用的並非語言，會是這樣嗎？毫無疑問，瑤族採蜜人與這些鳥類之間的交流，不管怎麼說都不符合我前面所定義的語言。溝通中要傳達的概念很少──「我們去找蜂巢吧！」「慢點，我不像你能飛得那麼快！」「找到蜂巢了，破壞它吧。」對於以第三者角度旁觀的人類而言，只要套用我們現有的語言能力，就能轉換這些訊息、以文字來表達，就好比我前面寫的那些引號文字。問題是，我們真的能弄清，黑喉響蜜鴷是以類似這種方式在思考訊息與否嗎？還是牠們僅僅是對採蜜人發出的聲音產生本能的反應？

在溝通時，動物是否像人類那樣**理解**語詞──真正對溝通的訊息有領會力──這是很難驗證出答案的問題。在第三章，我們看到鸚鵡可能真的有理解能力，懂得訊息所指涉的意思，而不僅單純靠特定聲音固定聯想到某個結果。這種能力可能很罕見，但並不代表黑喉響蜜鴷沒有「意義」的概念。如果有人試著以佩珀伯格那套在鸚鵡亞歷克斯身上非常成功的「榜樣／對手」技術來訓練黑喉響蜜鴷，利用一些社交線索幫助牠們理解語詞的真正意義，那會得到什麼結果？黑喉響蜜鴷能學會的概念數量會不會受限於腦部的尺寸？這種鳥是否根本就缺乏處理訊息的能力？看來我提出了很多回答不了的問題——動物的大腦永遠都會是謎團；反觀人類，我們輕輕鬆鬆就能問另一個人：「你現在在想什麼？」不過，正是靠觀察這些人類和動物順利相互溝通的罕例，我們才能梳理出一些線索。

狗——我們最熟悉的溝通夥伴

黑喉響蜜鴷的例子既迷人卻也令人費解；相較之下，有另一種人與動物的交流是大家都很熟悉的。那就是我們與狗兒的關係。人類和狗之間豐富且極其精確的互動既特殊又司空見慣，或許可說是類似的互動關係中最親密的一種。在這個世界上，我們沒辦法與其他動物建立這麼有效又廣泛的溝通。我們可以讓狗搜索出違禁品、抓捕逃犯、精確地驅趕羊群；在我們情緒低落時，還能讓狗兒躺在地毯上帶給人安慰。無論是具體、精確的指令，或模糊不清楚的想法，狗兒都有辦法接收、理解。我們和狗有共同的語言嗎？之前提過，我的狗可能理解幾十個概念——稱不上廣大無窮的能力，但還是比我能向海豚或黑猩猩傳達的訊息多很多。我家的狗似乎不太可能以類似語言的方式來理解這些概念，只不過當我說：「我們去散步吧！」，牠會興奮地跳起來，這個反應又說明了什麼？*

狗當然是一種人類馴化的動物。我們可能花了數萬年的時間在育種和培育，讓動物滿足我們的需求。其中包括非常實際的需求，例如威嚇掠食者、保護牲畜免受傷害；也有微妙的需求，例如理解我們的語氣和我們的肢體語言所表達的意圖。儘管狗還未被馴化時的祖先可能與現代狼差別很大，但狼是現生動物中與狗關係最近的親戚，因此可以看看這兩個物種與人類互動時展現出哪些差異，從中找尋啟發。這兩者之間似乎確實有些非常顯著的不同。維也納的狼科學中心（Wolf Science Centre）和布達佩斯羅蘭大學（Eötvös Loránd University）的研究人員試圖找出狗和狼的根本差異。[3]人類把幼狼和小狗養在一起，可愛是可愛沒錯，但等到狼成年之後，這種動物會變得徹底難以掌控。相較之下，狗兒會注意人類的聲音，好理解人交付給牠的任務。狼似乎對人類漠不關心；牠們演化成和一群同伴共同生活，不會像家犬那樣「順從」（用這個詞是為了簡化此處的說明）人類。我們培育出來的「夥伴動物」具備的特性在，牠們的野生相近物種身上明顯缺

*在寫這本書時，我家的狗達爾文已經十六歲也不太會跳起來了，但該去散步時，牠還是會以屬於牠的獨特方式表現出興奮之情。

乏。例如，當人類用手指著某個目標時，狗兒幾乎都會順著方向去找那件東西；狼就不會——牠們似乎對人類手指的用途不感興趣（也許除了拿來啃咬之外）。利用複雜的攝影儀器可以準確追蹤動物凝視的方向，這時可以明顯看出，如果人類專注**盯著**一個目標，狗也會盯著相同目標看。狼就不會。在給狗看圖片時，牠們更會注意有人臉的圖像，甚於無生命的物體。一般來說，凝視動物的眼睛通常會被解讀成帶有攻擊性的姿態，但這件事在狗兒身上恰恰相反。狗兒**想要**我們看著牠們的眼睛；有實驗發現，與狗兒目光接觸會增加狗兒和人類體內的催產素（oxytocin）——一種能帶來愉悅感的激素。那就好像狗兒和人類這兩種生物天生就是要互相溝通一樣——事實正是如此。人類不僅馴化了狗兒、讓這種動物對我們產生回應，我們自己也被馴化，而會依賴狗兒。這長達五萬年的夥伴關係是雙向的。

為什麼人類馴化了狗？沒人知道。在過去似乎有很多事情同時發生了。也許我們的祖先只不過容忍了那些常光顧早期人類聚落垃圾堆的食腐動物中較不野蠻的幾種動物——這種相對容忍的做法便足以推動生物馴化。又或者我們的祖先發現，在聚落周圍有一群野生食腐動物會帶來額外的好處：有更危險的掠食者接近時，這些動物能提醒大家。無論如何，狗兒和人類開始以愈來愈複雜的方式合作。很顯然，合作的任務愈複雜，需要的溝通方式也就愈複雜。儘管野狼似乎對人類不屑一顧，但人類和家犬之間的合作其實是基於一種古老的生物傾向，甚至還早於馴化發生之前。碰上需合作解開難題的狀況時，狼**會**與人類合作。有一個常見的行為實驗：設計出一個障礙，只有在同時拉動繩子兩端時，獎勵才會釋出。如果動物自己拉繩子的一端，繩子會被拉動，但無法獲得獎勵。若這時有另一隻動物（或人類）同時一起拉另一端，機關就會被打開、釋出獎勵。許多動物——包括鳥類、靈長類和大象——都有辦法學會與自己的同類互相合作解決這個難題。同樣的實驗裡，狼和狗都會與人類合作突破障礙。這表示動物合作的能力非常深厚——在馴化狗時，我們並未將合作破解這個實驗的考驗用來馴化狗兒。儘管狼和狗都能解決這麼複雜的問題，但狗在碰到困難關卡時，會傾向尋求人類的協助。狗兒憑本能就知道我們有可

狼和狗都會合作解決需要共同克服的挑戰。在這個實驗裡，拉動繩子兩端就能把機關打開。但狗比較不擅長這項任務——牠們已經演化成較依賴人類來幫忙解決問題，較少靠自己找出答案。[4]

能幫助牠們——牠們已被馴化為具備這樣的知識。在狼身上沒有這種本能。

狗兒有上面說的這種直覺，而且還有聲名遠播的能力。想想牧羊犬那令人難以置信的表現。這些動物經過訓練後，不僅能對各種訊號有適當的反應，還能夠理解情境（判斷羊當下在做什麼）以及人類對狗兒下達指令要牠們做到的事。「站起來！」和「等一下！」這類命令很清楚，但除此之外牧羊犬也能理解「回頭看」（意思是「少了一隻羊，去把牠找回來」）、「大聲叫」（即「對羊群吠叫，牠們注意力不夠集中」），以及「走這裡」（即「穿過羊群中心，將牠們分成兩組」）。在旁觀看這些能力極佳的狗兒完成上述任務很有趣，也很震撼人心。自一九七六年以來，英國電視轉播的牧羊犬大賽都會吸引數百萬觀眾收看。但這種能力能算是擁有語言的證據嗎？毫無疑問，牧羊人會與他們的狗交談，而狗兒理解人類，所做的回應也有其意義；那不只是出於本能而對刺激有所反應——好比馬聽到人喊出：「Whoa!」時的反應。我們能從這些聰明的動物身上推論出多少事？若真的將語言定義為所能傳達概念的數量，那麼邊境牧羊犬切瑟（Chaser）在二〇一九年去世前，可能就是目前我們遇過最有語言能力的非人類動物。切瑟學會一千零二十二種不同東西的名稱，還能接收指令、取回牠被教過其名稱的任一件物品。我之前隨口假設鸚鵡亞歷克斯能傳達「一千」種概念，但只是為了說明而假設這個數字——

沒有人測試過亞歷克斯實際理解多少概念。可以肯定切瑟至少認識一千零二十二個。牠們兩個誰的語言能力比較強？我們直覺上會認為亞歷克斯的能力優於切瑟，因為牠更靈活——儘管詞彙量較少，但亞歷克斯有辦法組合語詞，這是切瑟做不到的。然而，切瑟的詞彙量大得多。

這一點很難以嚴謹的方式研究。如果我們承認有一套語言的標準存在，那幾乎無法解決任何問題，因為我們設定的目標——人類所說的語言——似乎超出任何一種動物的能力範圍。哪些是我們客觀觀察到的事？哪些又是我們想要相信的事？兩者不好區分。我當然想要相信自家狗兒能了解我，但身為科學家，我寧願這種信念有更扎實的基礎。

成為語言有哪些條件？

要強化我們對語言的理解，有另一種方法是檢視那些通常被看得很重要的語言特徵，並在思考時保留批判性。這樣一來，我們就可以放心尋找動物使用語言的證據，又不必否定人類本身的特殊能力。例如一九六〇年代語言學家查爾斯・霍克特（Charles Hockett）就認為，一種溝通系統必須符合十三項標準才能被視為真正的語言。其中一些在我們看來太過聚焦於人類語言之上，可以忽略，但有些標準確實值得多加探討。無論如何，檢視人類語言中我們認為重要的特徵，可能會帶來某些洞見——提醒我們在其他動物身上應該（或不應該）尋找哪些特徵。

霍克特的第一個標準最薄弱，也顯示出他過度依賴與人類語言對照比較、犯了常見的錯誤。霍克特聲稱語言必須經過「聲音－聽覺途徑」。對此我們馬上就能提出反駁。儘管使用聲音交流確實是特別有效的途徑，但語言也完全有可能以各種不同電場為基礎（正如引言中提到的），比方說非洲和南美洲叢林河流中的電魚就是例子，甚至墨魚皮膚上多彩的漩渦狀圖案也不無溝通的可能。

霍克特略過這些物理限制不談，確實也還是有一些有趣的觀察結果。在真正的語言中，訊息**傳輸**（transmission）的本質與此訊息的**正確性**（accuracy）無關。雖然將訊息內容與現實脫鉤似乎會增加複雜溝通的困難度，而不是降低，但這裡有個重點。優勢位階的雄蹄兔能唱出複雜的歌曲，但年幼雄性蹄兔卻做不到。並非牠不想唱——是牠沒有能力，而這一點並不符合真正具有靈活度的語言：每個個體在生理上都要有能力以相同方式運用語言。

他的一些標準，例如具有語意（semanticity）——即語詞要有其代表的事物——深深根植於我們對語言本質的理解，這一點我在下文中會有更詳細的探討。

超越時空（displacement）似乎是另一個重要特性：我們可以談論不在這裡的事情。昨天上班時的路上交通。我那個人在愛丁堡的兒子。能夠超越時空限制談論事情，這種能力確實看起來包納了人類擁有而其他動物所沒有的特徵，而且如果我們只能談論眼前的事物，那麼語言就只會促成一連串相當無聊的對話。但這似乎是一項認知的特徵，而不是語言本身的特徵。我們可以預期，超越時空限制談論事情可能會發生，但並不是非那樣不可。

在霍克特的標準中，有三項廣為語言學家所接受，但在研究動物的溝通時，我們卻不得不質疑它們的普遍性。霍克特聲稱，語言應該是「分立性」（discrete）、「任意的」（arbitrary），並具備「型式二元性」（dually patterned）。前面在談海豚哨音時有提過分立性，牠們就不具有這樣的特性，海豚哨音是連續漸變的。一種哨音可能很順地融入另一個哨音中，找不到精確的切分點，沒辦法說：「這是類型一的哨音，那是類型二的哨音。」在語言的分立性上，語言學家勢必寸土不讓；他們會指出，在以漸變訊號為基礎的溝通系統中，要產生我們所尋求的那種廣大無窮的能力，實際上不可能辦到。我研究過漸變的海豚哨音的意義，因此在我看來，「不可能」這種措辭太過決絕。我確實同意，語言不太可能循著漸變訊號的溝通路線而演化出來，但真的不可能嗎？我不認為。動物會使用牠們可運用的系統來運作。我們的祖先就跟現代黑猩猩一樣，具有發出分立性的聲音訊號和比出各種獨立手勢的靈活性。這無疑讓他們更容易演化出分立性語詞所組成的語言。倘若像海豚一樣受限於漸變訊號，也許就永遠不會演化出語言。也許這就是地球上少有物種（實際上僅一種）演化出這種能力的一大原因。又或者，如果需求夠大，生物也有可能另闢蹊徑，找到一種將連續性漸變訊號與無限的靈活度結合起來的方法。對此我們必須承認，目前還無法下定論。

語言具有任意性——即詞語本身不反映其所指涉的對象——基本上這種特性看起來很理想。至少這就表示，你的詞彙量不會僅限於那些你發得出聲音所指涉的事物本身，例如擬聲詞（onomatopoeias）。很難想像，要如何使用不具任意性的語言來建構包含「野餐」、「積分」和「太空船」等語詞的語言。因此，任意性可能是語言的要素，但當然也可以想像一種書面語言（絕大部分）沒有任意性：古埃及象形文字就是一個例子。

型式二元性也是語言科學家認定的另一個要素，重要程度和分立性不相上下。在我們的語言（英文）中，有意義的字是由無意義的元素（字母）組合而成，這些元素是我們用嘴巴所發出的不同聲音。對於如何將聲音串在一起，有一些規則要依循；這些規則會受到發音的限制（可以試著唸看看「grkjhx」，很困難吧？），而這些限制不涉及意義。

與此相對的是，組合單字的方式則與意義有關，而與聲音不相干：「動物福利」（animal welfare）與「福利動物」（welfare animal）有不同的意義，但兩者組合起來在表達上都能成立，而grkjhx就不是這樣。大多數人類語言都有數十種不同的無意義聲音。若我們不能將它們組合成單字，那就只會有幾十個可能造得出的單字，而大多數成年人能用的詞彙量都超過十萬個。但如果一種語言無法以不同方式產生意義，那就無法存在嗎？這件事是否難以想像？不是的，人類語言會受限於型式的二元性，是因為我們只能發出幾種聲音。反觀海豚的哨音就靈活許多，若牠們能夠避開缺乏分立性造成的障礙，也許型式二元性就不那麼要緊了。

因此，檢視人類語言何以成為真正的語言，在某些方面是能帶來幫助，但在其他方面反而會分散焦點。人類語言中某些屬性可能是舉世皆然的限制，但有些可能又是人類特有的。我在另一本書《銀河系動物學家指南》中討論了語言——還有動物——在其他怪異、美妙的星球上，可能透過某些方式演化出與地球語言截然不同的樣態。不過在這本書中，我們感興趣的是真實存在的動物實際的行為。如果我們要說動物（地球上的動物，而非想像中科幻世界的動物）有語言，那麼得堅稱哪些特質必不可少，才能算數？

多數人會指出至少三個特徵，並表示：「我對語言的定義是要滿足**這些**條件才行。」

其中兩項直接了當：字詞（無論怎麼定義字詞）要有意義；詞序也要有意義。然後是第三點：在為「意義」下定義時，前後語境（脈絡）有其重要性。最後這一點會需要更多的說明。

字詞有意義

在我們的語言以及任何可以合理稱為語言的東西中，符號（通常是單字）都有特定的意思。狗的意思是狗，貓的意思是貓。我們已經產生出大量的詞彙，在當中每個語詞與其所代表的意思都有關係；多數科學家都會欣然接受：不管是在哪一種類型的溝通中，語意對於真正的語言來說絕對必要。一般大眾也樂於接受他們會使用語意這件事。我們使用大量的字詞來描述所見所聞以及感受和欲望。字詞和意義之間存在一對一的關係，這種想法很自然，也很符合我們的直覺（儘管意義會發生不同程度的變異；下一節會討論），但這可能只是我們根深蒂固的成見，我們在思考語言時，一直受限於人類使用文字的框架。然而正如前面所提到的，在動物當中，這件事就變得不那麼明確了。並非每種動物都有語言，即使我們認為某些動物會對特定概念發出特定的聲音，例如綠猴的警戒聲或海豚的識別哨音，但從中很難連結起聲音與概念之間一對一的關係。前面我已經指出，海豚的識別哨音每次聽起來都略有不同。除非我們有辦法問海豚這個問題，不然永遠無法得知這些哨音是否僅代表一件事，或者代表很多事。綠猴所發出「豹！」的警戒聲沒有兩次是一模一樣的。不知何故，我們人類演化到將自己束縛在只會用「語詞等於意義」的系統來思考。這不是壞事——我們如此珍惜的語意關係確實構成了人類語言的支柱。但在某種程度上，這卻成了一種妨礙：我們很難理解動物在說什麼。我們就是覺得有必要為特定的動物聲音賦予特定的意義。黑猩猩是如何生活在瞬息萬變的複雜社會中？不用語詞交談的狗又是怎麼達成我們下達的複雜指令？為什麼動物與我們如此不同？

有一種可能的解釋：實際上在我們祖先所生活的社會中，複雜的溝通活動先普及化很久之後，語詞的意義才演化出來。這就好像運用語詞是後來才有的想法，是某種溝通的點綴。語詞像是為動物之間一直互相發送的常見訊號額外錦上添花。語詞的使用可能沒有為我們的早期祖先帶來太多優勢，而且也沒有為前六章討論過的物種提供優勢。事實上，在那些對人類以外物種而言重要的交流類型中，聲音和概念之間若存在一對一的關係，多半可能頗為不利。一次又一次發出一致且均勻的聲音並不是容易的事。即使是人類學習外語的正確發音，可能也需要好幾年時間（或可能根本無法學成）。運用語詞很耗費精力，而演化並不傾向生物付出額外的力氣，除非那樣能為個體帶來明顯的優勢。從狼嚎或蹄兔之歌等流動、不定形的訊號，轉變成嚴謹、講究形式的意義表達——這種發展在演化中鮮少發生。當黑猩猩伸出掌心向上的手來索取食物時，手勢的具體形式並不重要。可以伸出左手，也可以伸出右手——無論哪種方式，意思都很明顯，不需講求正式的規則。

真正需要的是讓聲音或手勢變得儀式化，同樣（而且是一模一樣）的動作能代表某個特定的概念，而不會與其他概念重疊混淆；這件事在多數動物群體中似乎都不會發生。很多時候，訊號本身太過複雜，因此無法儀式化。例如蹄兔的歌曲每次變化都很大，蹄兔自己也不太可能知道自己剛唱了什麼音符。期望牠精準複製一串聲音序列似乎沒有道理。我們遠古的祖先將訊號儀式化，是因為他們要仰賴訊息的可靠性對彼此傳遞特定資訊，還是因為他們整體的社交互動先變得儀式化（比方說，以某種方式問候優勢位階的個體會引起特定的回應），何者為真？我們無從得知。但多數其他動物都生活在非儀式化的世界，因此牠們的語意是模糊、約略的。

擁有定義明確的語詞就表示你試圖傳達的概念也非常清晰確實，但是和人類相比，動物較不那麼擅長歸納概念。猴子可能不認為「豹」本身是一個概念；對牠們來說，「左邊樹上的豹」與「遠處地上的豹」是不同的概念。這讓人想起，許多人常引用一種很不正確的說法：因紐特與愛斯基摩語言中有數百個描述「雪」的語詞。[5]不管是歐洲人或生活在北極地區的人，人類與動物的差別在於我們可以**想出**用來形容雪的語詞。我們有歸納的能力，就好比在圖畫書中，我們學到汽車可能是紅的也可能是藍的，甚至前方還可能有一張笑臉。儘管在鸚鵡亞歷克斯這類動物身上進行語言實驗，這樣便能測試牠們歸納概念的能力，但也只有在最特殊的物種身上，我們才能提出我們真正想探究答案的問題。然而面對大多數的動物，牠們只會用有些困惑的神情看著我們。

順序就是意義

前面幾章提過，將不同的聲音以新的順序組合起來，就有可能產生新的意義。如果使用語言就只是運用語詞，那我們會需要無限多的詞彙量，才能表達我們想說的一切。我們聰明是聰明，但也沒有聰明到那個地步。大腦會朝著有運作效率的方向演化——要記住對應每個可能存在的概念的不同語詞，會需要一顆很龐大的大腦，沒有一種動物能頂著這種腦部生存。組合語詞的能力提供了巧妙的解決方案：我不需要各自獨立的語詞來表示「大貓」和「小貓」，只需要將「大」和「小」與「貓」組合起來即可。於是同樣的系統也能套用在很多例子上，比如大蘋果和小蘋果、大山和小山等。句法的力量非常強大，你能表達的概念數量可以爆炸性成長。多數語言學家都遵循語言學泰斗諾姆・杭士基（Noam Chomsky）的路線，主張人類運用句法的能力是讓我們與其他動物有所區隔的關鍵創新。我們可以表達出不計其數的概念，而其他動物受到先天限制，無法充分發展出語言能力。杭士基在計算語言學領域奠基了很深的影響力，但他對於語言起源的觀點未獲普遍接受。杭士基堅持認為人類生來就有語言能力，因此赫伯特・泰倫斯（Herbert Terrence）便把他語言學習實驗中的黑猩猩命名為「尼姆・猩士基」（Nim Chimpsky）。一些死忠的杭士基信徒甚至聲稱，過去曾有過一次基因突變，讓我們遠古祖先的大腦開啟了特殊的句法能力。單一的事件瞬間賦予牠們語言能力，非人類就這樣轉變成人類——這與米開朗基羅在西斯汀大教堂天花板的《創造亞當》（Creation of Adam）壁畫沒什麼不同。上帝和亞當的手指幾乎要碰在一起的著名畫面，靈感可能是來自拉丁文的祈禱文「*dextrae Dei tu digitalus...sermone ditans guttural*」，即「上帝右手的手指……賦予言語的力量」。即使在此處，人類的創造也與「語言的創造」相互連結。在其他人看來，這樣的想法難以接受——演化肯定是漸進的，在一代又一代之間相繼發生微小的進步，並非偶然一場突變就帶來戲劇性的結果，對吧？

老樣子，拿人類的言語與動物的溝通相互比較看看，可能會啟發一些不錯的想法。第四章談到蹄兔唱的歌有不可思議之多的組合方式，我們同時也檢視了這種動物的句法能力。然而，蹄兔並沒有充分發揮這些句法的潛力。形式最簡單的句法很普遍——這是讓發音變得多樣且獨特最容易的方式。但杭士基談的是一種非常特殊的句法：能將發音進行有意義且清楚的組合，而且這些組合有符合規則、明確的含義。動物曾達到這種程度過嗎？一些科學家認為，至少某些動物可能有這樣的能力；世界各地有多個團體正在尋找動物交流中的語言特徵。有些人表示已發現證據：椋鳥、山雀、大白鼻長尾猴和其他許多物種都具有杭士基所認為人類獨有的組合技能；他們稱之為「合併操作」（merge operation）——對於了解其中的概念實在是不太有幫助的稱呼。以最簡單的話來說，合併操作是指人類語言可以將概念嵌入到概念中、將句子嵌入到其他句子內。比方說，我可以說：「尼姆要去商店買香蕉。」，但我也可以說：「黑猩猩尼姆・猩士基，這隻有人為諷刺奠定生成文法基礎的著名語言學家而被如此命名的黑猩猩，要去商店買香蕉，很可能會搭公車去，香蕉是牠最喜歡的食物。」語言從一個短句流動到另一個，甚至在短句內部流動，隨之便可能加入愈來愈多複雜的新訊息。縱使動物有這種造句能力，那也非常難得一見。然而，在此先提出警語：上述概念在人類和動物溝通領域是數一數二有爭議性的說法。如果你的另一半恰好是位語言學家，在讀到這個段落時，請小心背後。

我們知道，是有辦法能訓練某些動物理解人類文法中至少部分的元素（你可能還記得，在第四章，我狡猾地用便宜行事的方式區分「句法」和「文法」——我說文法使用會帶有意義）。海豚、黑猩猩和鸚鵡都表現出這種能力。海豚阿凱能夠區分「將球帶到跳圈旁」與「將跳圈帶到球旁邊」這兩句話。倭黑猩猩拉娜有可能理解詞序，但黑猩猩瓦蘇可能就沒辦法。鸚鵡亞歷克斯會用牠不可思議的能力造出正確的句子。目前在許多物種中都未發現這種能力，儘管在某個程度上，可能是因為訓練多數動物完成這麼複雜、不自然的任務本來難度就非常高。也許之後還會發現更多有語言天賦的動物。話雖如此，絕大多數動物似乎都不具備詞序的概念，也無法理解其重要性。即使是狗這麼值得我們信賴的夥伴，哪怕總是陪在我們身邊、與我們互動，還能回應我們的要求和指令，但是對文法也頂多一知半解。目前有一些實驗，是設計來測試狗兒對兩個單純的語詞組合起來的意思有沒有辦法理解，例如「球」+「撿」；但尚未有定論，而且不無爭議。

為什麼文法在動物的世界這麼罕見？句法幾乎普遍存在，但很少包含意義；即使包含意義，這些意義與發聲的實際順序通常只有任意、偶然的關聯。句法似乎是一種機緣下的產物，而且幾乎總是如此；這種巧合是在動物發聲以及解讀聲音的方式所受到的限制中偶然產生。像蹄兔這種動物能理解聲音順序的差異——這對牠們的生活方式而言很自然。但刻意改變順序以**建構**特定的意義實際上沒有用處。事實上，即使是那些（在人類訓練員幫助下）能理解人類文法的動物，於野生環境中也不會使用類似複雜的排序這種做法。因此可以合理地說，讓我們與眾不同的創新——上帝右手的手指——是認知能力上的創新，甚至可能和語言本身毫無關係。也許那是一種使我們更加理解周遭世界的創新能力：物體與物體之間的關係、它們保持恆定或隨著時間變化的方式，以及不同物體相互作用並產生變化方式——比方說，「那隻黑猩猩一吃掉這顆蘋果，就什麼蘋果都不剩了。」

有一種可能性如下：我們人類大約在一百萬年前產生了腦電波，本來理解句法的能力就跟許多動物一樣，但因此更進一步去實際使用它。一旦我們有了這個能力，於是便開啟更多交流溝通的機會，而大腦也會迅速演化，以應付不斷增加的資訊——歌曲、故事、謀畫和計策（無論是關於捕捉獵物或奪取權力），統統都會在社交群體內傳播。除非語詞被賦予不同的意義，否則句法的用途就不大——不會成為文法；因此「語詞」可能是在人類演化出辨識句法中意義的能力後，才隨之出現。

那麼這跟我們明顯能與某些動物溝通無礙一事，又有什麼關係呢？如果牠們沒有我們使用詞彙和文法的天賦，我們是怎麼開始與自家狗兒對話的？講到這裡，就得談談語言第三個重要支柱的美妙：**語境**（context）。

語境就是意義

在我們跟動物交談時，牠們到底能理解什麼？我們的文法？不太可能。如果未經高強度的訓練，動物似乎無法理解我們所說句子的意思。我們講出口的語詞？有可能。至少一部分動物有辦法理解，當然有些動物會比其他動物能理解更多語詞。但即使心裡懷疑某種特定動物有無區分我們所說的不同語詞的能力，在人和動物之間，仍舊存在不可思議的訊息和意圖的傳遞行為。當我問我的狗：「你想要一些起司嗎？」，牠總是**多少**表現出理解的樣子。這是很驚人的能力嗎？又或者微不足道？牠到底聽懂了哪些語詞？當然不會是「想要」——這個奇特的語詞引入了關於未來的可能性，而說話者期望藉此獲得表明意圖的答案。這種涉及時間的思考幾乎可以肯定超出狗兒的認知能力。「你」對狗來說也是個困難的概念——牠知道自己的名字是「達爾文」，但是「你」和「我」兩個分別有自己的意識的不同個體，這種概念對狗兒來說可能頂多僅是模糊的感覺。同理，我們也可以說，其實「一些」和「想要」這兩個語詞或許也可有可無。「一些」、「想要」或

「你」都差不多模糊——重點在於有沒有起司。從句子裡看不太出來「一些」這個詞添加了什麼實際訊息。「想要」的確有實質上的意義，但非得有這個詞不可嗎？不妨看看抽掉它的句子：「你一些起司嗎？」就連「想要」看似都有些可有可無。這裡唯一不能少的詞是「起司」。說也奇怪，哪怕是這個看似涉及問題核心的語詞，我也不確定狗兒到底能理解多少。

你可能已經在自家狗兒身上做過這個實驗：用任意的語詞替換牠們喜歡的東西。「你想要一些石頭嗎？」或「你想要一些微積分嗎？」——很可能牠們對兩者會有一樣的反應。原因不難找。看看下面的頻譜圖，請注意：以英語問句而言，講到「起司」時，音調會上升。那麼你會怎麼問狗兒「是否想要一些微積分」？用英語問句講到「微積分？」時，音調毫無疑問也會上升。一提起某些令人興奮的事物時，幾乎不可能不提高音調。無論達爾文是否真的理解「起司」、「散步」、「微積分」的語意，牠肯定有辦法理解音調上升所代表的興奮之情。不管是對我們人類或對狗兒而言，音調沒有上升的句

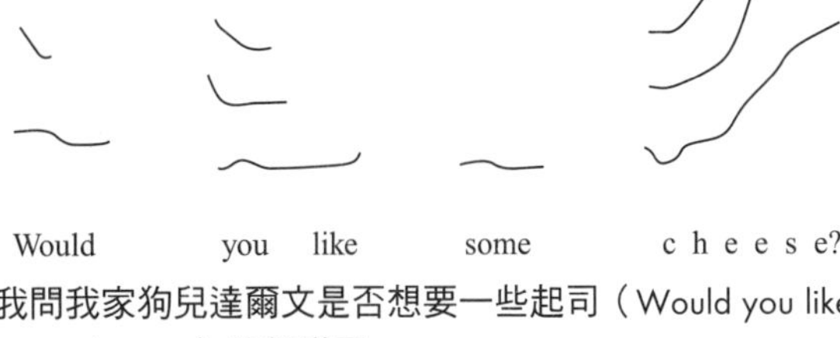

我問我家狗兒達爾文是否想要一些起司（Would you like some cheese?）的頻譜圖。

子會有不同的意義。相同的字詞，相同的語法，卻有不同的意思。怎麼會這樣？

語言不僅僅是語詞、句子而已。我們一不小心就會忘了與他人進行無聲的微妙交流那些時刻，這種交流其實並不困難。等到你非得跟一群語言不通的人待在叢林中，可能就會有所體會。同樣的句子意思會因為配上慧黠狡猾的眨眼而有一百八十度轉變：「當然，我們今天下午得完成工作，不能去酒吧。」

在兩種可能的解釋中，我們要如何判斷哪一個才正確？是「我們要繼續認真工作」？還是「等等我們溜出去喝一杯——別給主管知道，讓他以為我們還在辦公室」？在此例中，我們需要用到眨眼這個額外的資訊。我想，大家會認為眨眼有它的含義：「別把前一句話當真！」但有時語境中的上下文可能也是解讀的關鍵，尤其在沒有這麼明確的提示的時候。

想想下面這句話：「好啊！說不定我就去院子裡吃蟲。」這裡完全得靠語境的脈絡來決定我們如何解讀這句話。如果你是人父或人母，而你家小孩正在衝著你發火；很明顯，他們不是真的在說晚餐要出去吃蟲子。但倘若你過著狩獵採集的生活，也許按字面解釋就是正確的。「反諷」是非常奇特的現象，幾乎無法想像在動物中會演化出來——一種與字面意思相反的陳述。在溝通中，許多不同類型的背景脈絡都很重要：比方說眨眼、聳肩或瘋狂揮動手部這類肢體語言；對說話者（或談話對象）、他們過去的經驗及此刻想法的認識；乃至於對我們所處的世界的知識。

那麼「一顆紅蘋果」這樣的表述呢？乍看之下，它似乎很直截了當。非也。你我可能都知道什麼是紅蘋果，就是普通的蘋果，有紅色的外皮。但沒看過蘋果的人會知道嗎？當然不會。也許「一顆紅蘋果」的意思是蘋果從內到外整個都是紅色的？比如「紅梅」經常就是這樣。[6]更不用說蘋果可能在某種程度上與共產主義有關。* 僅僅依賴語詞與句子是不夠的。陳述的背後有林林總總的可能性，我們自己也得仰賴語境中的脈絡來確定要表達的是哪一種含義。用不同例子來展現人類交流中，脈絡差異足以牽一髮而動全身，是很有意思沒錯；但脈絡對動物而言也是如此嗎？

要回答這個問題並不容易——這應該也在你意料之內。一方面，是因為動物似乎**非**依賴脈絡**不可**——如果牠們連語意都沒有，那麼不靠語境中的脈絡，還能靠什麼？狗兒會對你的語氣有所反應；你的聲音可能音調上揚、興奮高亢，又或者語氣嚴厲而憤怒。

---

*《紅蘋果》（*Red Apple*）是菲利普・迪里（Philip Deery）所寫的一本書，該書的副題是《冷戰時期紐約的共產主義與麥卡錫主義》（*Communism and McCarthyism in Cold War New York*）。再一次，脈絡很重要：只有當你意識到紐約又有「大蘋果」的別稱時，才有可能理解這本書的書名。

牠們還會尋找較一般性的脈絡線索，好比說看看你是站著還是坐著？你的手臂伸向冰箱，還是交叉在胸前？在牠們不顧一切取悅人類夥伴的同時，每一條線索都已被仔細納入考量。不過從另一方面來看，語言中一些涉及脈絡的元素貌似幾乎僅為人類所獨有。在依循脈絡的溝通中，很大程度上一個人要理解對話夥伴實際上在想什麼才行。語言中語境（脈絡）的真正力量在於，你可以想像另一個人的想法。他們是真的想吃蟲嗎？他們到底在想什麼？下面是說明這一點很好的例子：[7]

簡：「我走了。」

約翰：「他是誰？」

對隨便一個正在讀本書的讀者而言，這段交流完全可以理解。但換成局外人的客觀視角，這兩人的話又讓人摸不著頭腦。這兩句話之間似乎沒有半點明顯可見的關聯。少了什麼？除了兩個主角之間關係的特定脈絡資訊外，這裡還少了思考過程。聽到簡說的話，約翰要**想像**她腦中在想什麼。只有這樣，他才會在心中得出結論，認為此時提問：「他是誰？」是合適的回應。在第六章，我們提過黑猩猩會怎麼樣說謊，因為牠們明白自己知道的事，其他個體不一定知道。牠們知道，在黑猩猩社會中存在著彼此有別的獨立個體，每個成員都對世界有各自不同而獨特的視角。這種感知能力在其他動物身上似乎極為罕見。人類在這方面非常突出；黑猩猩、大象和海豚似乎也是。另外還有許多其他物種——包括烏鴉，可能還有狗——也疑似有這種能力，但很罕見。你需要演化到生活在非常複雜的社會群體中，這種能力（設身處地以他者思維來想事情）才能為你帶來實質的優勢。在黑猩猩和海豚身上我們就看到了這樣的例子，而且看得出這項能力對狗兒來說也會很有利（若狗兒真的有這種能力，那演化的速度算是非常快）。然而假如沒有這種社會壓力——比如蹄兔的例子——那這種感知他者內心狀態的能力就不會帶來生存優勢。少了這種對內心狀態的感知力，許多溝通語境就會變得不清楚、無用處，包括諷刺、誇張、微妙的暗示，以及最重要的「言外之意」，都是如此。狗兒不需要理解你的話就能理解某些脈絡，好比說靠語氣來判斷。但牠們可能永遠無法理解帶有諷刺意味的矛盾陳述；對狗兒來說，那很神祕難解。

人類語言是極為複雜的概念——規模龐大、字詞有其意義、講究順序，還有語境（脈絡）要考量。這一切都與大腦有關。我們會用腦思考過去和未來、不存在的物體，以及所有實際或不實際的可能性……也難怪研究人類語言本身就是一門科學。不過，這並非本書的主題。在這一章，之所以談了一些對人類語言的本質、結構的見解，用意是要襯托我們在動物界所看到的情形。誠然，兩者之間有很多共同點：動物有些許句法，甚至會發出一些作用類似語詞的聲音，偶爾還會溝通複雜的想法，儘管多半時候僅交流較簡單的事。但動物並不像我們一樣能將這些能力統統結合起來，並促成爆炸性的效果。我們可能永遠不會找到確切的答案，釐清人類是怎麼演化到與親緣關係最接近的物種有這麼大的能力落差。但可以合理猜測，演化之路上可能發生一連串的創新，一項發展加速了另一項，將我們往「廣大無窮的能力」的方向推去。在字詞的順序之上有字詞的意義，在意義之上又有語境（脈絡），然後又往上疊加更多的句法，以此類推。千萬別忘了，隨著這種溝通的創新突破，我們的認知能力也經歷了關鍵發展——能夠理解個體、物件、時間和空間之間的關係。不斷演化的創新網絡相互刺激、增長，這個過程並非一條複雜度逐漸上升的單一路徑。最後，我們成了現在的我們。現代人類已經和動物的行為相去甚遠，而且差距拉大的速度還非常快。因此，將我們自己與其他物種直接相互比較，都有流於幼稚之嫌。有一件事應該很清楚了：「動物有語言嗎？」這個問題從來就不是個好問題。話雖如此，我們已從其他物種身上找出近乎所有的語言基本元素，從中也看出人類和動物說話的方式之間相似處確實不少。撇開差異不談，我們仍想知道人與動物有哪些共同點。就算認為動物沒有語言，我們依然想跟牠們交談——這件事真的做得到嗎？牠們有沒有足夠的能力（即使沒有真正的語言）與人類對話？

結論　倘若人可以跟動物交談的話……

在鸚鵡的幫助下，過了一陣子，
醫生學會了動物的語言，
他學得很好，已經可以靠自己和牠們說話，
而且也了解鸚鵡所說的一切，
最後他索性決定不當人類的醫生了。

——休・洛夫廷（Hugh Lofting），
《杜立德醫生歷險記》（*The Story of Dr. Dolittle*）

我們都很想相信動物能與我們交談。**我**就想這麼相信。動物**會**說話，只是與我們說的方式不同。現在我窗外的窗台上飛來一隻烏鴉。牠的頭正在左右轉動，好把我看得更清楚。鳥類的一雙眼睛長在頭部兩側，牠們看到的世界是我們難以想像的。一隻眼睛看左邊，一隻眼睛看右邊，沒有重疊。然而，鳥兒的大腦能再將其整合為單一的感知結果。如果堅持己見要固守我們人類看世界的方式：雙眼向前看單一景象，再搭配敏銳的深度知覺——這也是鳥類所缺乏的能力——那你就無法設身處地理解鳥兒的世界。

溝通也是如此。要是執意堅持想像動物會使用與我們相同的構造——相同的耳朵、眼睛和大腦——來交流，那我們就無法走入牠們的世界，也無法理解動物在說什麼。不過，其實不必花太多工夫，就能擺脫這樣的自我設限、走出現代人類的世界，並試著像動物一樣觀看、聆聽和思考事物。世界各地都有具備溝通能力的聰明生物，在本書中，我們只探討了六種。之所以選擇這六個物種，是因為牠們複雜的溝通方式能讓我們了解動物語言和人類語言之間的異同。這六個物種可謂動物界溝通能力的佼佼者，但我們卻很難理解牠們在說些什麼。我們不理解的第一個原因，是我們並未生活在牠們的世界裡。我們看不到也聽不見牠們所見所聞，但更重要的是，我們並未試著去觀看或聆聽牠們的「交流」本質。我們沒有以同樣的方式體會動物專注於尋找食物、躲避掠食者或吸引配偶的狀態。如果你不留意動物都在尋找些什麼，那就無法理解動物的語言。其次，我們無法理解牠們，是因為我們**希望**動物像我們一樣。在與自家養的貓、狗講話時，我們是真心希望牠們能理解我們，而牠們確實能理解到一定程度，但貓、狗是特例——那是經過數千年馴化的結果，我們和被馴化的動物都在努力建立一種共通的溝通方式。

我們**能夠**理解動物，只要我們眼中看到的是牠們真實的樣子，也看到牠們在自己的世界、用牠們真正的生活方式活著。做到這一點後，我們就會看見動物真正的樣貌，並弄懂牠們想要說什麼，而不是我們想要牠們說什麼。這是欣賞地球上生命多樣性實貌的方式，更加能帶來滿足感。毫無疑問，我們與動物世界仍然有些共同點——傳遞訊號和資訊確實是每個物種所共通的。即使這不算真正的語言，也還是能將人與地球上其他的生命連結在一起，因此很值得探究。

為什麼要跟動物說話？

我們確實找出了幾種人類與其他物種共有的語言元素，不僅是在前一章提到的人類語言中的語意、句法和語境，還有諸如狼嚎中的情緒訊息、海豚哨音那無限多的變化、長臂猿的音樂能力等。我們無疑有許多共同點。但不能就這樣把對音樂和情感等事物的理解——更不用說語詞和句子——直接套用到其他物種身上。我們不能僅因為人類懂得巧妙使用語言技巧來溝通，就期待其他動物也用上相同的技巧，哪怕牠們會使用相同的工具，都不應有此期待。理由很簡單，因為每一種生物是基於不同的原因而溝通。一旦掌握了像人類這樣的語言，那麼沒有錯，自然而然就會有個體去寫故事和詩歌。但對其他動物來說，根本想都沒想過要去設定這種晦澀難懂的目標。動物說話的**方式**是由牠們說話的**原因**所決定，希望在本書前面的內容中，我提供的關於這些「原因」的線索夠清楚：保持聯繫；告知誰在附近，以及需要誰過去你那裡；讓其他個體知道你的感受與需求；你想和誰在一起，以及你想遠離誰。我們人類當然與動物不同，差異不只在於說話的方式，更重要的是我們對自己說話方式的**想法**。我們的祖先發現需要有一套特殊技能來應對社會互動和溝通，但他們周圍的各種動物卻不需要。至今仍是如此。

又或者，我們就是認為得要能與動物交談才行，因為若是做不到，就會顯露出人類的限制和缺陷。身為科學家，我可能比多數人更容易受到這類爭論的影響——哪裡有訊息，我們就要去哪裡一探究竟！但也有人覺得，動物或許能向我們透露一些祕密。並不是科幻小說中那種祕密，也不是關於古代海豚文明的故事，或者什麼人類從未想像過的自然法則。所謂的祕密關乎這些生物的真正本質，以及牠們生活的方式。社會學、人類學和心理學研究人員在人類身上做研究的難度低很多，正是因為有辦法用語言向人提問。試想：如果我們能發調查問卷給長臂猿或鸚鵡，繼而寫出一整套動物社會學，那有多棒！當然，這不符合現實情形——這些動物從未演化出理解語言的能力，因此永遠無法真正理解我們向牠們提出的所有問題。但透過挖掘其他物種交流的奧祕，還是可以獲得洞見，這絕對是我們理所當然想達到的目標。

試圖增進人與動物溝通的能力，這件事也有道德上的理由。在過去，「與動物交談」主要代表人向動物發出指令，目的是要訓練動物執行我們交代的任務。當然並不是說這類任務統統是在殘酷利用或虐待動物。牧羊犬訓練就是個很好的例子：在相互理解的基礎上，人與狗建立起真正的交流關係。儘管如此，並沒有人問過牧羊犬是否真的**想要**牧羊——儘管大多曾與邊境牧羊犬一起工作過的人都會說，牠們做起來很開心；如果不讓牠們牧羊或從事其他同樣具挑戰性的活動，狗兒反而會在房子四處亂竄、陷入沮喪，再把眼前看到的東西大搞破壞一番。儘管如此，如果動物確實有能力與我們溝通——最起碼流露某種意識和意圖——那麼我們顯然有義務要幫忙推一把。我說過，海豚喜歡參加我們的科學實驗——但如果能真正問出牠們的意見，我感覺會更好一點。不過從另一個角度而言，我們虐待（而且也吃了）這麼多各式各樣的生物，也許沒辦法聽到狗、牛和雞的心聲還比較好。

在這一趟探索六個物種的旅程中，我們對於動物溝通時在想什麼，有了更多的理解。但我們這些科學家喜歡在研究中為自己設定明確的目標，然後再評估自己是否更逼近最初所提之問題的答案。我在引言中拋出了幾個不好回答的問題，現在是時候重新再思考一遍，看看我們是否又更接近了答案一點。

動物說話時到底是想說些什麼？

動物是否會說出我們所不知道（或不可能知道）牠們會說的事？

行文至此，我希望前面的章節已讓你感受到，野生動物的世界對我們來說有多麼陌生。我們通常藉以推斷別人所說、所想的方法，並不能直接套用在不同物種身上。我們善於解讀其他人類的意圖和隱藏的想法，那是因為我們演化出這種能力，可以預測自己社交上的夥伴未來可能有什麼行為。然而，那無法讓我們就動物及其發出的訊號、聲音和意圖，有特別突出的解讀能力。所以**我們不能單憑直覺來解釋動物想要表達什麼**。我們得要深入研究動物本身的生活方式才行，而做到這一點之後，也就會發現多數情況下，牠們需要互相傳遞的訊息量相當有限——至少和我們的談話和語言相比很有限。動物並不多話，這件事應該不讓人意外，因為我們並未發現什麼跡象顯示，牠們在實際生活中要像人一樣交流大量資訊。確實，狼會向同伴求助，而黑猩猩可能還會表達更私心而微妙的願望及意圖。但第三章提到的鸚鵡在築巢時，仍會有兩隻鳥兒將同一根樹枝往反方向拉扯的情況，而第四章談的蹄兔除了「看看我！」之外，就沒有要表達任何其他的意思了。動物透過說話所要傳達的事情與牠們的需求密切相關。會做出許多不同且繁複的事情的動物（如黑猩猩和海豚）可能就會彼此溝通不同且繁複的訊息，但也僅限於牠們需求範圍內的事。比較沒在做什麼事的動物（如蹄兔）可能也沒什麼話好說的。

儘管如此，我想我也已經表達得很清楚：研究動物溝通還是非常年輕的科學領域——距離卡爾・馮・弗里施發現蜜蜂之間訊息交流的巨大潛力，也才過了一百年。我們必須保持謙遜並有所體認：即使在今天，我們對動物溝通的認識仍然很有限。我們可能要披荊斬棘努力穿越叢林，又或者緩慢游在一群海豚後方、追都追不上牠們——靠這些方式才蒐集得到研究所需的資訊。我們試著將動物發出的聲音連結上牠們的行為——這種方法在理解一套溝通系統時，有流於過分簡化之嫌。也許下個世代的動物行為科學家會找到更好的方法，去探知叢林中的長臂猿和苔原上的狼心裡在想什麼。

我們對寵物說的話究竟了解多少——可以將其延伸到野生動物身上嗎？

現今不少人家中會養動物，也有很多人對動物溝通有深刻的認識。到處都是所謂的馬語者、馴狗師。*然而，在多數情況下，這些人應對的都是我們熟悉且經過馴化的動物，而且要求動物做的事相對較為實際：「盡量快跑，但別把你身上的人摔下來。」「不要在地毯上便便！」應該要提出的問題是，我們對寵物的理解是否真的有助於人類與野生動物溝通。

在某種程度上，答案是肯定的。我們知道，即使沒有語言，所有的動物還是會溝通，而且會使用訊號——哪怕不是在整個動物界通用，也是很直接了當的訊號。如果你是一隻動物，那麼露出牙齒並撲向某個生物一定是在傳遞攻擊訊號。若這句話聽起來再明顯也不過，根本不用特別多說，那表示你也開始對多數動物的溝通累積一些理解了。動物溝通師的「大祕密」其實也同樣不值一提：像觀察動物那樣來觀察你的對象，而不要當成人類來觀察。當你在街上走近一隻陌生的狗時，牠們肢體語言中的微妙線索便是大多動物溝通的基礎。牠們的腿繃緊了嗎？是不是準備要逃跑了？牠們會試著讓自己看起來比你大（侵略性）？還是比你小（順從）？試著設身處地站在狗兒的角度思考——生活在野外的牠周圍有許多其他生物，而那些生物有的看起來美味、有的危險。你會如何

*更不用說那些聲稱能理解動物的話，而自己也講得出動物能理解的話的人，對這些說法我們就不用太認真。

回應？在引言中，我提到英國人慣常打招呼的方式：「今天天氣變好了。」（「Turned out nice today」），現在聽起來真是奇怪（如果在讀引言時你不覺得奇怪的話）。我們人類會期待動物發出與我們自己使用類似的儀式化訊號。但那種訊號往往有任意性，幾乎不可能將一個物種用的訊號翻譯給另一個物種理解。在狗兒、黑猩猩，甚至海豚眼中，露出牙齒是非常明顯的攻擊性訊號——很簡單，因為牙齒可以咬東西。但在人類看來，微笑已被儀式化為一種表達快樂的訊號。誰想得到會有這樣的發展？這個訊號的含義已經發生帶有任意性的變化——所以請別指望其他物種會理解你的微笑。

有些人覺得和動物溝通比較容易，也有些人認為比較困難。顯然，多累積經驗會有幫助——那些在貓、狗環繞下長大的人會更有辦法理解牠們的溝通方式，遠比那些從未與（人類之外）任何動物有過社交接觸的人表現更好。不過，有些人似乎又格外有天賦。科羅拉多州立大學的動物科學教授天寶．葛蘭汀（Temple Grandin）寫過大量文章，探討自閉症患者的世界觀與動物溝通之間的關係。[1]葛蘭汀本身就患有自閉症，一直到三歲半才開口說話，她認為自閉症患者對溝通的理解與動物類似，因此能為如何理解動物——以及被動物理解——這方面帶來重要的洞見。葛蘭汀以非常實際的方式應用自己的見解，她站在動物的立場來設計牲畜飼養場，例如按照動物自然狀態下的聚集行為來設計彎曲的徑道，這徹底改變了農場動物的福利標準。自閉症及其對人類（以及對人類與動物之間）溝通的影響是個很大的主題，在這裡不可能好好闡述清楚。不過葛蘭汀的基本觀點是，自閉症患者往往不太依賴具體概念與其語言表徵之間嚴格的關係；這與我們在本書各章節所提到的動物類似，牠們對意義的感受更為靈活。我們認為語詞和「意義」之間存在一對一的關係，這種想法不僅對動物來說難以理解，對於人類中的神經多樣性（neurodivergent）（譯註：此概念於一九九八年由澳洲社會學家朱迪・辛格〔Judy Singer〕提出，是指那些在社會行為、學習能力、注意力、心境和其他心理功能上的變異，並不具有病理性，仍在正常範圍內。）者，可能也是如此。天寶・葛蘭汀嬌小而有活力，對任何與動物有關的事情都充滿熱情。多年前我剛開始做博士後研究，那時候第一次見到她，她問了我的研究主題，我以標準的「電梯簡報」方式向她概述，並回答她我研究的是蹄兔歌聲。她很直接回我：「我不知道那是什麼。」但之後，我一描述這些毛茸茸的小動物是怎麼在不同的巨石間跳來跳去，還大叫一長串音符宣示自己的領域，她頓時就理解了，也徹底迷上這個主題。葛蘭汀教授的假設是，自閉症患者比較依賴視覺心像來將想法整理為概念，好比說她需要想像一隻毛茸茸的小動物站在大石頭上的樣子，然後才能真的理解我的話。另外，根據她的理論，動物也是以類似的方式來感知概念：詞彙對動物來說意義不大，甚或毫無意義，但動物和自閉症患者都依賴概念中較不是靠語言表達的部分。

天寶．葛蘭汀的想法很有趣，但目前還不是主流，因為難以用嚴謹的方式來檢驗她的理論。不過這個假設是很好的起點。我自己也有與自閉症學生相處的經驗，我覺得他們為動物溝通的研究帶來了有趣、充滿熱情的觀點。也許是看世界的多元方式催生出了多樣紛呈的想法。確實，年輕人當中的神經多樣性者常會是傑出的科學家，其中一個主要原因正是他們看到了傳統觀點所忽視的連結和關係。同理，如果我們真的想理解動物在說什麼，那麼所有人的觀點也都要有所改變才行。

我們的寵物與野生動物很不一樣，數千年來的馴化已經讓牠們與野生的祖先幾乎像不同的生物了。但還不是完全不同。至少我們可以坐下來觀察自家養的狗和貓，並與牠們互動，而牠們也很樂意讓我們觀察、與我們互動。與寵物達到真正的交流並不是教牠們人類語言（「坐下」、「躺下」、「把東西放下」），而是觀察牠們體內的動物性。要是先把訓練你家狗兒「坐下」的想法擱到一旁，當你和牠在一起時，會發現什麼？差不多就是你與一群狼在一起時會看到的那些事。你會看到牠表達煩躁（可能是站起來從房內一處移動到另一處），或表達社交互動的意願（舔你的手或躺在你旁邊）等等行為。這些就是動物真正會使用的詞彙，而非語詞和句子；你花愈多時間跟動物相處，就會注意到愈多這些真正的詞彙。

在動物身上尋找我們擁有的概念、對話和語言是否合理？

或者也可以說，直接將動物與人類互相比較並不合理。我們根據自己的行為來合理探討動物的行為，這件事到一定程度後，便會碰上一條界線：過了那條分際後，某些行為就是人類獨有而其他動物所沒有的。若再拿這些事進行跨物種的比較，則會顯得愚蠢、無謂。前面章節談的許多動物交流所要傳達的概念，對我們來說都很熟悉，例如恐懼與欲望、誇耀與求和等情緒。過去，科學家和哲學家曾聲稱動物不像人一樣有感情——現在我們知道事實完全相反。從地球上有動物以來，情緒一直是演化的驅動力。吃。避免被吃掉。繁殖。照顧家庭成員。在這些基本層面上，人類與其他物種之間存在許多共同點，應該不會讓我們太驚訝。在過去一百萬年，人類所屬的支序與其他動物有顯著的差異，我們大腦所具備那些複雜的功能似乎不僅能應對生存和繁殖這兩大目的。抽象的思考和觀念、想像力，以及語言本身似乎都以新皮質（neocortex）為基礎；這個大腦中的區域所占的比例遠超過所有其他物種。這是否表示動物就沒有想像力？不是。

目前我們對想像力的認識還很少，也不清楚那是如何在大腦中產生的。不過，在這一段對六個不同物種溝通方式的深度探索旅程中，我們看到幾乎所有與交流相關的訊息都涉及了情緒狀態，而非智力——這不是巧合。這還不算是有確切決定性的發現，但肯定能說明，在研究動物溝通中要傳達什麼意思時，我們應該要多考慮牠們感受如何，而不是牠們怎麼想。

我說過——或至少暗示過——除了人類之外，其他動物都沒有語言，但我並沒有定義什麼是語言。明確的定義真的有必要嗎？在科學界，語言的明確定義還存有爭議，通常會受到計算語言學的晦澀微妙之處所牽動（例如到底使用哪種語法），或者取決於我們心理狀態某種不可知的屬性（比方說某人講話時，到底理解自己所說的事到什麼程度）。然而給出定義多少還是有用。我遇到很多人跟我說：「動物**一定**有語言，牠們不是會互相溝通嗎？」我們當然可以乾脆將語言與溝通這兩件事畫等號，這樣問題就消失了；但這麼做對我們自己和科學都有害無益。我們人類所做的事、我們實際的作為，以及我們所建造、書寫和發明的事物，顯然統統都與其他所有動物大不相同。而這也表示，似乎存在不同的機制在作用。科學的真諦就是要尋求對機制的理解。語言與「單純的溝通」不同，但目前仍不是很清楚要在哪裡畫下界線。也許現在還不必有這條線。沒有錯，我們總會碰上某些難以解釋的案例——例如鸚鵡亞歷克斯。牠有沒有真正使用語言的能力？但即使是不尋常、難以解釋的案例，也不會讓人與其他動物之間主要的區別不成立：我們可以說出無限多的話語，而沒有語言的物種就只有少數幾個概念可以交流。看起來，人類和動物的視角南轅北轍，不論是我們要去理解動物，還是讓動物來理解我們，也許難度都是一樣的。但有些科學家對此另有不同看法。

我在二〇二三年初撰寫本文時，出現了許多以最新發展的人工智慧科技為基礎的新方案，試圖要「解碼」動物之間溝通的訊息——主要都聚焦於海豚和鯨魚等鯨類動物。[2]在第二章，我曾稍微提過這個想法。這些方案背後的基本構想是，目前機器學習已經有長足的進步，基本上只要有足夠的資料，電腦就得以從動物發出的訊號中找出含義，再翻譯成人類的語言。無論這個目標實不實際，至少值得一試。毫無疑問，新工具和神經網路這類新的人工智慧演算法可以將動物的訊號加以組織、分類，並拆解為互有某種自然關係的構成要素。例如，在前面談海豚的章節中，我們提過兩個相似的海豚哨音有可能是同一訊號的變異，但也可能是兩個截然不同的訊號——目前還沒有明確的答案。機器學習或許能協助解決這類問題，儘管眼前還是沒有什麼可取代直接去向動物問出答案。在鯨類動物中，不是只有海豚會用到複雜的溝通，鯨魚的歌聲——特別是座頭鯨——也相當繁複、有許多層次；歌聲中有不同元素組成的主題，而這些主題又會有一些變化，繼而組合成更長的歌曲。將人工智慧應用在這方面就非常合適，可藉此找出這些複雜的歌曲中結束和起始點分別是哪裡，並尋找個體間有哪些共通的主題模式，甚至找到一隻個體應對另一隻的呼叫時，其所發出的回應聲當中有哪些特徵。但這與**翻譯**海豚的哨音或鯨魚的歌聲不能混為一談。

當然，首先還是要看那些聲音中是否存在類似語言的東西，能被我們翻譯出來。目前並不清楚鯨類動物會傳遞多少訊息。多數科學家認為並不多，或至少沒有類似語言的訊息；牠們沒有語詞和句子、清楚的概念、問題和答案，諸如此類的東西。若真是如此，那麼設定要「翻譯出鯨魚歌曲」這種目標，就沒有什麼意義。但是談及我們對動物行為的理解時，還是可以保持謙卑的心態，尤其對鯨魚和海豚這些難以捉摸的動物更是如此。我們還沒那麼了解牠們的行為，以及牠們彼此需要溝通些什麼。也許牠們的交流比我們想像的還要豐富，只是我們還沒發覺這些動物有趣的類語言行為罷了。然而，科學家一直不斷在探索挖掘，確實沒發現半點跡象顯示，座頭鯨或其他任何物種會使用類似人類的語言。換言之，我們沒看到這些動物表現出哪些行為讓人覺得：「如果**要做到這些事**，有語言的話可能會更有利。」我們從未發現這些物種**需要**使用語言的跡象。從狼、海豚甚至座頭鯨的行為來看，完全沒有證據指出，若牠們擁有像我們所使用的語言，便會帶給動物實際的好處。因此，這些動物不太可能演化出我們這種語言能力。

但這並不是說，我們就不能透過神經網路演算法獲取關於鯨魚歌曲的有用資訊。這些歌曲中很可能含有關於發出聲音者的大量資訊，甚至可能有這隻鯨魚「想要」什麼的訊息（例如伴侶）。當然了，我所持的懷疑態度也可能錯了。繼續推動這類人工智慧計畫其實很棒，這樣就有機會檢驗我的假說——即海豚不會像我們一樣說話——是對是錯。在科學界，最振奮人心的莫過於找出證據推翻「眾所普遍接受的」假說。我衷心希望能發現座頭鯨會用語言說話。不過，倘若發現相反的結果——要是電腦演算法告訴我們鯨魚實際上並不會說話呢？如果我們發現，事實上就只有人類真正擁有語言，應該要大失所望嗎？完全不必——我們應該欣賞動物原本的樣子，而不是我們想要動物呈現什麼樣子。

我們與動物到底有多麼不同？其中的差異又有多少來自我們的語言？

在討論黑猩猩的章節，我們似乎覺得答案近在咫尺，好像就快要找到人類和其他動物之間的實際連結——我們和黑猩猩的相似處感覺唾手可及。這些與人類本性類似到驚人的生物似乎具備我們所能列出的每一項人類特徵，這會讓人想輕易下結論：牠們之所以**不是**人類，唯一的真正原因就是缺乏語言。事情真有這麼簡單嗎？大約三百年前，朱利安・奧弗雷・德・拉・梅特里（Julien Offray de La Mettrie）提出了震驚法國社會的觀點；他主張，只要經過適當訓練並學會一種語言後，猿類「就會徹底成為人類——一個小紳士。」[3]他這種理性主義觀點引來了訕笑，最後還不得不從法國逃往普魯士。時至今日，憑藉對演化和天擇的理解，以及一個世紀以來所累積重要（儘管很少）的考古證據，我們得以拼湊出人類祖先在過去六百萬年演化旅程中的經歷：演化之路上，他們逐步慢慢改變，繼而與這個物種的表親（即黑猩猩的祖先）愈來愈不同。話雖如此，但我們並不能確定是哪個事件，甚至指出是哪個物種，以此斷言：「這裡就是非人類成為人類的切分點。」我們的工具、我們的文化、我們對家庭的關懷——這些似乎都不是明確的分界線。很難想像非人類的靈長類動物轉變為人類時，到底有什麼事發生了。可能確實有那麼一刻（也許就像庫柏力克《二〇〇一太空漫遊》〔*2001: A Space Odyssey*〕的電影情節那樣），我們的心智被一道光線照亮了——或許某一天早上，一隻小猿猴出生時就具備說語言的能力。但若真是那樣的話，那個小寶寶也沒有可以說話的對象。

我認為，語言並不是突然出現，就此將我們的祖先與其他生物給區隔開來；我認為語言是必然的發展結果：早在智力突出的靈長類動物成為人類之前，牠們的大腦中便已經在發展語言。事實上，在現代黑猩猩身上發現許多語言演化的必要特徵，這就是一項證據，證明了我們共同的祖先——六百萬年前生活在中非叢林的猿類——很可能也具備這些關鍵能力，之後又傳給了所有後代，包括人類和黑猩猩。在這些能力當中，最關鍵的是能夠知道自己的想法，並了解其他個體也有他們的想法。在我們這顆星球上所有動物之中，少有動物具備這種能力。有些證據——儘管並不全是最理想的證據——顯示，少數物種（黑猩猩和大象就是兩個例子）會照鏡子，而且知道鏡子裡看到的影像實際上就是牠們自己，而非其他動物。一旦你明白你是真正的個體，很可能就會明白其他動物也是不同的個體。若其他黑猩猩或大象與你不是相同的個體，那牠們也一定會有自己的想法、欲望和意圖。現代黑猩猩複雜的聯盟行為就是很好的徵象，從中可看出牠們至少懂得操縱別的個體，試圖要了解其他個體的想法，再轉化為自己的優勢。一旦意識達到這種複雜程度——或許**也只有**在達到這種複雜程度之後——動物的大腦便具備某種語言發展所應該要有的複雜度了。大腦先要有能力思考繁複的想法，之後你才能傳達出這樣的想法。當然，意識的複雜度並不是語言存在的保證——黑猩猩顯然仍缺乏向語言躍進的臨門一腳——但這種大腦可能是擁有語言的先決條件，而這也是為什麼其他動物並無我們所擁有的能力。

最初生命出現時，溝通這件事就存在了。目前所知最早的生物體是三十八億年前於潟湖淺水區出現的一層菌毯。這些細菌很可能會互相交流，就跟今天的細菌一樣。由於沒有移動能力，彼此相鄰的細菌會分泌化學物質以向鄰居發出訊號：目前什麼營養物質充足或缺乏、這一片菌毯是否太擁擠——這些最簡單的單細胞生物的交流遠比你想像的要豐富得多。過了二十億年之後，細胞聚集在一起形成了更複雜的生物，也就是我們今天看到的動植物和真菌的祖先。這些細胞怎麼樣才能一致地協調運作？只能靠溝通。今天，你體內的細胞也是透過這樣一套複雜且我們尚未完全了解的化學和電訊號網路來彼此溝通。何時舉起手臂？何時提高心率？何時攻擊入侵或突變的細胞？複雜的生命——**任何一種**複雜的生命——都要仰賴溝通。大約在十億年前，所有動物的祖先都演化出來了，而且具備一種非常特殊的能力：牠們是可以移動的多細胞生物。這些生物體立即面臨到新的挑戰。與那層菌毯上的細菌不同，這些「近乎動物」的生物會不斷移動，最終還可能與彼此分開遠離。溝通的新維度出現了——要找到朋友在哪裡。有性生殖在十億年前就已經演化出來——這些生物要如何尋找配偶？如何確保牠們的後代（可能分散在整個環境中）得以生存繁衍，生生不息？後代所取得的成功是演化的籌碼。這些可能非常孤獨、過著遊牧生活的生物面臨要彼此保持聯繫的巨大壓力。在早期的地球上，生物之間的交流主要是透過化學物質——如果你能用鼻子嗅到食物，那就有辦法接收並詮釋其他個體所發送的化學訊息。但隨著複雜溝通的需求增長，化學訊號這種中介物質就不夠靈活了——氣味和味道很容易在海洋環境的水流中混合和混淆。所幸，這時生物已經演化出其他感官系統。運動會產生振動，如果你在尋找移動中的獵物，或是要防範移動中的掠食者，那麼感知水中的振動便是一項重要技能。聲音實際上也就是一種振動。因此，聲音的感知能力演化出來了，隨之而來的是發聲能力。

當動植物開始在乾燥土地上定居時，環境的多樣性在數量和複雜度上有了爆炸性成長。動物針對特定的生態棲位產生特化，為了達到最佳適應能力以因應求生的特定任務，牠們的構造和行為都日益複雜起來。當時已經是節肢動物所主宰的世界（至今很大程度仍舊如此），其中包括昆蟲及其近親，例如蜘蛛和長有堅硬外骨骼的甲殼類動物。昆蟲在適應上取得的成功格外驚人，這些生物能夠進入各種多樣化的生態棲位，還能形成像白蟻巢和蟻群這類複雜的社會結構。在這麼巨大的群體中，生物的數量成千上萬，於是該怎麼聯繫彼此就變得至關重要。要維繫群體的生存並完成相關的求生任務需要能發出訊號，好比說求助；在覓食的時候要通知夥伴新的食物源在哪裡；還要能發出抵禦掠食者和入侵者的警訊。不用說，螞蟻的費洛蒙軌跡和蜜蜂的搖擺舞都是複雜的交流方式，但其中能包含的資訊仍然很有限。怎麼說？一大原因跟牠們堅硬的外骨骼有關。昆蟲及其近親永遠不可能長出很大的體型，也永遠不可能演化出大型生物體的複雜度——尤其是大腦的複雜度——因為昆蟲長不出足量能支撐牠們柔軟內部構造的堅硬外殼。脊椎動物的內骨骼是一大創新突破，也是這些動物演化出處理更複雜資訊的能力關鍵。若以最普遍的方式來定義大腦，這個器官可以說是動物身上的資訊處理器，既是複雜交流的源頭，也是去向。

隨著動物演化出或大或小的體型，將大腦容納於身體中，牠們的溝通能力也增強了。青蛙透過呱呱叫來宣告池塘的主權。恐龍會發出帶有警告意味的咆哮，配上一身閃爍的彩色鱗片來向其他動物彰顯自己。有兩類動物的溝通需求特別有意思。鳥類為了覓食和尋找巢穴能飛很長的距離，因此牠們需要一套溝通系統，好在樹林間釋出關於領域的訊息，並向配偶和後代傳遞穩定可靠的訊號。複雜的聲學訊息是在樹梢上溝通的理想方式，因為聲音在樹上能有效傳播，而且相較之下視覺訊號經常會被樹木遮擋住。這些會飛的小型恐龍有一定的生存韌性，能適應地球各種環境，分布範圍從叢林到南極洲都有。至於鸚鵡經過演化之後，在其生態棲位發展出求生所需的智力和複雜溝通技巧，甚至可能近乎演化出語言。但就像先前的昆蟲那樣，飛行動物受限於牠們的生活方式：牠們需要維持體態輕盈，而且需要耗去很多的能量才能飛。沒有幾個物種能將重量和能量轉而供大腦所用，因此鸚鵡在今天現存的一萬種鳥類中依舊很不尋常。

接著是哺乳類。這些小型的穴居生物大多是夜行性動物，這是牠們面對掠食性恐龍的最佳防禦方法：在白天躲避恐龍，晚上才出來活動，因為這時候喜愛曬太陽的冷血掠食者沒有力氣追捕獵物。夜間活動讓哺乳動物演化出大大的眼睛，這樣在黑暗中才看得見東西；另外也演化出靈敏的耳朵，要用來聆聽獵物沙沙作響的動靜。有了大眼睛和靈敏的耳朵，再來就需要大腦處理這所有的複雜感官資訊。種種能力恰如其分全部到位了——複雜溝通所需的所有基礎，就這樣集中在一群動物身上。然後，一顆大流星撞上地球，造成後續的氣候變遷，等同於宣告巨型冷血爬蟲類時代的終結。哺乳類便從洞穴中湧出，占據數千個不同生態棲位，也適應了各自適合的環境。哺乳動物這時的大腦已經有基本的複雜度，再加上成形中、日益趨於繁複的全新生態系，遂催生出一連串不勝枚舉的新溝通形式，目的是要吸引配偶、標記領域、向家族成員發出警戒訊號，以及建立和維持動物的複雜社會。早在恐龍滅絕前，蹄兔的祖先可能就像今天的現代蹄兔一樣，會向競爭對手唱歌示威。而從這些最原始的起點，迸發出本書所提到的各種哺乳動物。狼與貓、熊、黃鼠狼一樣，演化自善於捕食、狩獵的動物祖先，牠們行動敏捷、腳步輕盈，需要與遠距離之外的家族成員保持聯繫。近似於河馬的某些哺乳動物向海洋前進，在那裡演化出適應廣闊水下環境的能力，後來成為我們今天所見到的海豚。就跟狼一樣，牠們溝通的需求很大程度也受到遼闊的水下環境所驅動，而海中生活的種種挑戰促成了牠們的合作行為和智力發展——這也反映在海豚溝通的複雜性中。

在陸地、森林和叢林中的生物走上了另一條不同的路。猴子和牠們的近親將哺乳類的智力全面發揮出來：在環境複雜的叢林中，牠們會合作尋找食物、防衛領域，甚至改造環境以為自己謀取利益。其中一些物種——即長臂猿的祖先——將那顆巨大腦袋的實力用在歌唱上。另外一些則把腦力用來更密集地合作、形成更大的群體、進行更繁複的溝通。就在六百萬年前，我們那近似黑猩猩的祖先某一個支脈開始走上快速演化的路徑，就彷彿搭上雲霄飛車一般；牠們說話的能力，以及控制說話能力和許多複雜合作行為的大腦不斷發展、增強。牠們的後代從叢林中一湧而出，如今遍布全世界，並將地球改變得幾乎面目全非。

我們一路走到了今天。三十八億年過去了，動物仍然會相互溝通。但我們的世界遠比生命起源那片滿是細菌黏液的鹹水潟湖要複雜得多，我們的交流也相應變得更加複雜化。就在整部生物史時間軸上最後百分之〇．〇二處，語言演化出來了。如果將生物的歷史——溝通的歷史——壓縮為一天尺度，那麼語言大約就是在午夜前最後二十秒才演化出來。語言真的有那麼特別嗎？還是說這只是生命舞台上的最新時尚，只是另一種特化的適應產物，就跟蝴蝶色彩絢麗的翅膀或食蟻獸長得詭異的舌頭一樣？在我們將自己與動物相互比較，並將我們的溝通方式與動物的溝通比較時，不妨記得：人類只是地球這個大型生態系中的一小部分，而我們的語言能力儘管有其特殊性，但也只是一種為溝通而產生的適應結果，另外還有幾百萬種不同的選擇。我們不該將人類的能力視為有多麼與眾不同，而應把這些能力看成我們祖先以及今天生活在我們周遭的表親物種能力的延伸。愈是和人類例外論保持距離，就愈能在動物所身處的脈絡中理解牠們，而我們也愈加能放開心胸，去認識周遭各種形形色色的溝通方式。這麼做對我們來說沒有任何損失，還能摒除人類那高居眾生靈頂端寶座上、自以為良好的感覺。那始終也不過是幻想罷了。

謝誌

首先，我要感謝無與倫比的安琪拉・達索教授。她在方方面面都和我相互合作，也是我最親密的人類朋友。安琪拉支持著我，無論是在研究工作上，或是在我遭逢許多困難時——包括我失去十五年來最好的朋友達爾文的時候。這隻狗兒過去激勵我、安慰我，做了一隻狗所能做的所有事。但牠無法永遠活著。除了安琪拉之外，還要感謝我們生物聲學研究小組的其他成員：小狗音樂家霍莉・魯特－古特利奇博士、從狼－熊－豺狼轉而投入松鼠研究的專家貝絲・史密斯博士、馴獸師兼動物園管理員洛瑞塔・辛德勒（Loretta Schindler），以及倡導紅狼保育的小說家艾米・克萊爾・方丹（Amy Clare Fontaine）。儘管大家分散在世界各地，小組仍每週召開一次會議，計畫要戰勝我們對動物溝通意義的無知。另外還有莎拉・托雷斯・奧爾蒂斯博士，她是名多才多藝的海豚訓練師、海豚研究者、鸚鵡研究者和無人機駕駛，而其特內里費島上的公寓也提供我們當成研究和休閒活動的基地。

我在本書引用了其他許多同僚發表的研究，在推薦延伸閱讀的清單中，我提到了他們的許多資料。不過，在此仍要特別感謝凱特・哈拜特博士——她協助我深入了解黑猩猩的生活，遠甚於其他任何人所能帶來的幫助，我也因而不必親自去野外觀察動物。艾琳・佩珀伯格教授還提供我非洲灰鸚鵡相關極為有用的資訊。真希望在亞歷克斯生前，我當時就有有機會認識他。

在野外，我要感謝的人太多了。第一個想到的最重要人物是阮德壽（Tho Duc Nguyen；音譯）——沒有誰能像他一樣將後勤、許可證、搬運工、設備安排得妥妥當當，並還有辦法攀登叢林密布的山峰，反觀我登山時幾乎千鈞一髮。我完完全全信任阮德壽，託付他任何事都沒問題。

在靜謐的劍橋，格頓學院大力支持著我；當然，學生們也砥礪著我。我在企鵝藍燈書屋的編輯康納・布朗（Connor Brown）克盡己職，提供我寫作上的建議，比如提醒哪裡可以延伸擴寫、哪些部分又應該割捨。如果你覺得書中哪些段落太囉嗦，或哪部分講得不夠清楚，可能是我沒按編輯建議來寫的緣故。

家父萊斯特（Lester）和小犬賽門（Simon）在我寫出每一章後，都幫忙閱讀了草稿，並給我第一手真誠的回饋。他們幾乎永遠都意見相左，但我認為，這恰恰呈顯了我所希望此書能獲致的廣泛讀者群樣貌。

不過，最重要的是，須感謝那些有名字和沒有名字的動物，牠們是我這本書的精髓。我親眼見過黃石國家公園和義大利北部的狼，另外還有只聞其聲的威斯康辛州和西班牙北部的狼。英國灰狼保育信託組織的托拉克（Torak）和莫西（Mosi）現在都離開了。特內里費島動物園的海豚阿基里斯和尤里西斯，以及以色列艾拉特的野生海豚和習慣在人類身邊活動的海豚。鳥園裡那一大群非洲灰鸚鵡，以及不計其數的野生和尚鸚鵡。不用說，還有那滿坑滿谷一大堆蹄兔……當然，不能忘了瀕臨絕種的東部黑冠長臂；牠們美麗而令人難忘，如今卻在滅絕的邊緣搖搖欲墜。一想到將來的世界再無人能聽見穿透叢林的「Caaaao vit」叫聲迴盪不止，這念頭讓我不寒而慄。

最後也要感謝讀者你。若在放下這本書後，你們走入了外面的世界，去看看生活在那裡的動物、聽聽牠們的聲音，你們理解牠們——體認到牠們的世界之於我們既陌生又熟悉，既複雜卻又明確得驚人。如果你能做到這樣，那麼我就算完成自己的職責了。

艾列克・克申鮑姆

二〇二三年四月，寫於格頓學院

註釋及延伸閱讀

引言

也許在閱讀本書前你已經讀過很多關於動物溝通的資料。已經有科學家出版過某些談特定物種的書，例如朵洛西・錢尼（Dorothy Cheney）和羅伯特・塞法斯（Robert Seyfarth）合著的《狒狒形上學》（*Baboon Metaphysics*；暫譯），或是內容更廣泛的法蘭斯・德瓦爾（Frans de Waal）的《你不知道我們有多聰明》（*Are we smart enough to know how smart animals are?*；繁體中文版由馬可孛羅出版）。這兩本我都很推薦。但有時了解動物生活的最佳方式是透過厲害的小說。我在引言中提到理查・亞當斯的《瓦特希普高原》和厄內斯特・湯普森・賽頓的《我所知道的野生動物》，這兩本書都採用擬人化的陳述，讓讀者能貼近書中角色，但同時書中也包含充分的自然史知識和智慧，讀者從中能認識這些動物的真實生活。

我也推薦羅恩・洛克利（Ron Lockley）寫的《兔子的私生活》（*The Private Life of the Rabbit*；暫譯）——如果你找得到這本書的話。儘管我在本書中並沒有特別引用這本書，但它不僅是理查・亞當斯《瓦特希普高原》的創作靈感，更示範了關於野生動物的科學觀察確實能以小說般文字來敘述，呈現出現實中動物真實的生活寫照。

我還提到：

1. 理查・費曼的《費曼的主張》(*The Pleasure of Finding Things Out*；繁體中文版由遠見天下出版)。

費曼是一位物理學家，也是一位科普高手，能將最複雜的科學原理以通俗的語言來解釋。讀他的書都會很愉快。

第一章　狼

關於狼、狼的生活、與狼一起生活或狼的生物學書籍已經有很多。要尋找關於狼的溝通的背景資料並不困難。在這裡，我可以提出一些專家及建議：

1. 出自厄內斯特・湯普森・賽頓的《我所知道的野生動物》(*Wild Animals I Have Known*)中的「銀斑——一隻烏鴉的故事」('Silverspot, the Story of a Crow')。

賽頓可能是二十世紀初最著名的自然寫作者，他是以一個生活在非常接近野外的人的視角來寫作，讀者很容易就被帶進他所描述的世界。我建議盡可能多讀西頓的作品。

2. 瑞克・麥金泰爾的兩本書：《狼八的崛起》(*The Rise of Wolf 8*；暫譯)和《狼二一的統治》都寫下了經驗最豐富的觀察者所詳細介紹的黃石公園中狼的生活。他的書將數十年的田野筆記變成一則連貫且引人入勝的故事——就像《兔子的私生活》一樣——每個片段都貨真價實。
3. 除了與研究狼的人員聊天外，我特別感謝我的同事艾瑪・納羅茨基(Emma Narotzky)。她的碩士論文〈人類與嚎叫〉('Humans and Howls')非常有啟發性，是篇很棒的讀物，可從蒙大拿州立大學(Montana State University)網站下載。
4. 請參見麥金泰爾的《狼二一的統治》第八章：〈拉馬爾谷之戰〉

（The Battle of Lamar Valley）。

5. 參見丹尼爾．T. 布魯姆斯坦（Daniel T. Blumstein）的《恐懼的本質》（*The Nature Of Fear: Survival Lessons From The Wild*；暫譯）。丹看待人類自身行為與其他動物之間演化上的關係的視角寬廣，從許多方面來說，那就是我想要在自己這本書中所要談的核心意旨。丹給我們所有人的座右銘和建議是：「觀照你內心的土撥鼠」。
6. 如果想進一步了解 MRI 等先進技術如何幫助我們深入探索動物的心智，我推薦格里高利．伯恩斯（Gregory Burns）的《當一隻狗是什麼感覺》（*What it's Like to be a Dog*；暫譯）。

第二章　海豚

就跟狼一樣，關於海豚行為和海豚溝通的書籍（虛構、非虛構作品都有）也不少。賈斯汀．格雷格（Justin Gregg）的《海豚真的聰明嗎？》（*Are Dolphins Really Smart?*；暫譯）以及丹妮絲．赫津的書（見下文）是很好的起點。

1. 戈登．伯格哈特（Gordon Burghardt）的《動物遊戲的起源》（*The Genesis of Animal Play*；暫譯）詳細介紹了整個動物界各式各樣不同類型的遊戲，連昆蟲也會談到！
2. 丹妮絲．赫津所寫的《海豚日記：我在巴哈馬與斑海豚相處的二十五年》（*My 25 Years with Spotted Dolphins in the Bahamas*；暫譯）精采描述了她在野外投入海豚研究的實況。
3. 對相關細節感興趣的人可參閱我二〇一三年發表的論文〈海豚簽名哨音中個體身份的編碼：需要多少訊息？〉（"The encoding of individual identity in dolphin signature whistles: How much

information is needed?"）；網路上能下載得到。

4. 布里斯托大學的史蒂芬妮・金恩（Stephanie King）是野生海豚溝通這個研究領域的領導人物。這個特殊的發現可見於她的團隊二〇二二年發表的論文〈策略性群體聯盟增加了公瓶鼻海豚獲取高競爭性資源的機會〉（"Strategic intergroup alliances increase access to a contested resource in male bottlenose dolphins"）。
5. BBC／動物星球的精采節目《狐獴莊園》（*Meerkat Manor*；暫譯）的拍攝地。一如《兔子的私生活》和《狼二一的統治》，這部電視劇創造了類似虛構（但完全真實）的敘事，圍繞著喀拉哈里沙漠中的狐獴生活，營造出類似家庭主題肥皂劇的作品調性。這喀拉哈里狐獴計畫（至今仍在運作中；要感謝提姆・克拉頓－布羅克（Tim Clutton-Brock）和瑪塔・門瑟（Marta Manser）致力於蒐集這些迷人小動物行為的長期資料。
6. 這是夏威夷的海豚研究所（Dolphin Institute）已故的路易斯・赫爾曼（Louis Herman）及後繼者亞當・帕克（Adam Pack）的傑作。

第三章　鸚鵡

不用說，我的鸚鵡章節某些最有趣的背景可在艾琳・佩珀伯格著作中找到資料（如下所列）。而對那些有興趣探索鸚鵡生活方式的人，還有其他很多書籍可參考；凱瑟琳・托夫特（Catherine Toft）和提摩西・萊特（Timothy Wright）寫的《野生鸚鵡》（*Parrots of the Wild*；暫譯）是我最喜歡的一本，既引人入勝，細節也很豐富。

1. 可以在艾琳・佩珀伯格所寫的暢銷書《你保重，我愛你》（*Alex and Me*；繁體中文版由遠流出版）中讀到亞歷克斯的故事。

2. 喀麥隆大學（University of Cameroon）的賽門・塔蒙剛（Simon Tamungang）是野生非洲灰鸚鵡行為方面為數不多的真正專家。
3. 有關實驗程序和結果的詳細描述，請參閱佩珀伯格的《亞歷克斯研究》（*The Alex Studies*；暫譯）。

第四章　蹄兔

關於蹄兔的書籍很少（基本上沒有），但我鼓勵讀者上網找一找影片，有人分享了許多蹄兔唱歌的影像。牠們的聲音與眾不同，而且驚人的是有無數例子可供參考。在科學文獻中，對這種不尋常生物的認識絕大多數來自Amiyaal Ilany、Lee Koren 和Vlad Demartsev（以及我本人）的研究論文。

1.「文法」（grammar）和「句法」（syntax）之間的區別很微妙，而且會隨著不同學科而異。在本書中，我自行將「句法」用來表示任何非隨機排列的語詞或聲音，而「文法」則用來指出一套讓語詞排序具有含義的規則。
2. 以下寫給那些對數學感興趣的人：一首有k個音符長度、由n種不同音符所組成的歌曲會有種不同的排序方式。以一首由5種不同音符組合成內含29個音符的歌曲來說，可能的組合數量是40,920。

第五章　長臂猿

也許令人有些驚訝的是，談長臂猿生活的科普書其實很少。這種難以在野外研究、但確實很迷人的動物相關文獻太少，這個漏洞應該要補上才是。查爾斯・達爾文在《人類的起源》中對長臂猿行為的描述讀起來是有趣，但唯一真正全方位描述長臂猿生活的作品是薩德・巴特利特（Thad Bartlett）的《考艾的長臂猿》（*The Gibbons of*

Khao Yai；暫譯）。

1. 出自 Jeremy and Patricia Raemaekers and Elliott Haimoff, “Loud calls of the gibbon (*Hylobates lar*): repertoire, organisation and context” *Behaviour* 91(I/3)(1984): 146-89.
2. 本文關於白掌長臂猿的大部分數據，尤其是發音與發音之間的銜接轉換圖，均出自安琪拉・達索的博士論文：‘Exploring the Interior Structure of White-handed Gibbon and Rat Vocal Communication’，可從威斯康辛－麥迪遜大學（University of Wisconsin-Madison）網站下載。
3. 出處同上。
4. 出處同上。

第六章　黑猩猩

相較於長臂猿，黑猩猩的科普書相當多，其中最重要的是珍・古德的《我的影子在岡貝》（*In the Shadow of Man*；繁體中文版由格林文化出版）和《大地的窗口》（*Through a Window*；繁體中文版由格林文化出版），這兩本書都很引人入勝，講述了早期試圖了解我們這些在動物界親緣關係最近的物種的故事。另外也有其他探討圈養黑猩猩行為的書籍，例如法蘭斯・德瓦爾（Frans de Waal）的許多作品，以及安德魯・哈洛蘭（Andrew Halloran）的《猿之歌》（*The Song of the Ape*；暫譯）。要更加全面了解這個物種，請讀者參考凱文・亨特（Kevin Hunt）的《黑猩猩》（*Chimpanzee*；暫譯）。

1. 歷史上解釋社會結構演變的重點一直著重在雄性優勢，而非雌性優勢。這是否為來自男性科學家的偏見，又或者是否為有效的演化方法，都仍是複雜且尚未解決的問題。

2. 摘自 Sven Grawunder et al., 'Chimpanzee Vowel-Like Sounds and Voice Quality Suggest Formant Space Expansion Through the Hominoid Lineage', *Philosophical Transactions of the Royal Society B*, 1 March 2002.
3. 改編自 Catherine Crockford and Christophe Boesch, 'Context-Specific Calls in Wild Chimpanzees: Analysis of Barks', *Animal Behaviour* 66(1) (2003): 115–25.
4. 線上發表：https://greatapedictionary.ac.uk/

第七章　人類（讀者你）

這裡就讓讀者自行決定要涉獵哪些理解人類和人類語言的書。相關閱讀素材並不少，但我個人一定會建議有心的讀者去接觸莎士比亞。他的作品中含有十足的人性相關的描繪，幾乎無論哪個人的好奇心都能得到滿足。

1. 值得一提的是，縱然珍・古德是第一位觀察黑猩猩使用工具之情形的科學家，但比如中部非洲的狩獵採集者：特瓦（Twa）人很早就知道我們的動物近親會有這種行為。無論如何，閱讀珍・古德的《大地的窗口》很適合對這些動物有一些入門的知識。
2. 摘自 Claire Spottiswoode, Keith Begg and Colleen Begg, "Reciprocal signaling in honeyguide-human mutualism", *Science*, 353(6297) 2016 : 287-9.
3. 如果你想了解更多，這方面權威的參考書是 Ádám Miklósi 的《狗的行為、演化和認知》（*Dog Behaviour, Evolution, and Cognition*；暫譯）。
4. 摘自 Sarah Marshall-Pescini, Camille Basin, and Friederike Range, "A

Task-Experienced Partner Does Not Help Dogs Be As Successful As Wolves In A Cooperative String-Pulling Task," *Scientific Reports* (2018), https://doi.org/10.1038/ s41598-018-33771-7

5. 事實上，即使在英語中，表示雪的單字也比大家最初想像的還要多，比方說有slush、powder、blizzard、sleet等。在尤皮克語及其他愛斯基摩、因紐特語言中，經常會用到由多個要素所構成的長而複雜的單字。光一個單字就足以當成一個完整的句子，例如，根據人類學家伊戈爾・克魯普尼克（Igor Krupnik）的說法，在尤皮克語中「matsaaruti」意思是「可用來冰凍雪橇滑道的濕雪」。
6. 非常感謝我的同事：哥倫比亞大學哲學和語言學教授凱倫・李維斯（Karen Lewis）博士，她不僅提供了這些例子，還再三提醒我們研究小組眾人：語境（脈絡）是最重要的事！
7. 摘自特庫姆賽・費奇（Tecumseh Fitch）的著作《語言的演化》（*The Evolution of Language*；暫譯）。

結論

寫於一九二〇年代的兒童文學《杜立德醫生》其實並非我們了解「人與動物溝通」這件事的理想起點。我在前幾章推薦的書籍比較有幫助，但請容我提醒：書本能帶來的助益有限。沒有一本書比大自然更能讓你認識野外。要了解動物，還是得觀察動物才行，不論是在家、在庭院、在動物園，或去到野外。

1. 我強烈推薦二〇一〇年HBO拍攝的葛蘭汀一生的傳記影片：《天寶・葛蘭汀》。此外，葛蘭汀還寫過多本著作，包括《傾聽動物心語》（*Animals in Translation: Using the Mysteries of Autism to Decode Animal Behavior*；繁體中文版由木馬文化出版）。

2. 以二〇二三年二月這個時間點而言，就有兩個進行中的計畫：「地球物種計畫」（The Earth Species Project，https://www.earthspecies.org/）和「鯨豚翻譯計畫」（Project CETI，https://www.projectceti.org/）。

3. *Man a Machine, by Julien Offray de La Mettrie.*（《人是机器》；簡體中文版由商務印書館出版。）

圖片出處

引言

第 6 頁；《愛麗絲夢遊仙境》渡渡鳥 *Wikipedia*

第 30 頁；《藍色狂想曲》樂譜 *Wikipedia*

第 30 頁；《藍色狂想曲》頻譜圖 *Arik Kershenbaum*

第 30 頁；《藍色狂想曲》卡通化之頻譜圖 *Arik Kershenbaum*

第 30 頁；〈天生狂野〉卡通化之頻譜圖 *Arik Kershenbaum*

第一章　狼

第 34 頁；狼；私人蒐藏

第 39 頁；在美國黃石公園觀察狼 *Arik Kershenbaum*

第 48 頁；小孩與狼叫聲的頻譜圖 *Arik Kershenbaum*

第 51 頁；安琪拉與狼叫聲的頻譜圖 *Arik Kershenbaum*

第 57 頁；英國灰狼保育信託組織中的北極狼西科 *Arik Kershenbaum*

第 60 頁；羅素循環模型 *Arik Kershenbaum*

第 61 頁；單獨、群聚、合唱的狼嚎頻譜圖 *Arik Kershenbaum*

第 64 頁；歐洲狼、牧羊犬、義大利狼的嚎叫頻譜圖 *Arik Kershenbaum*

第二章　海豚

第 71 頁；海豚；私人蒐藏

第 72 頁；飛旋海豚哨音頻譜圖 *Arik Kershenbaum*

第 76 頁；海豚發出喀答聲的頻譜圖 *Arik Kershenbaum*

第 80 頁；海豚的十種哨音頻譜圖 *Arik Kershenbaum*

第 81 頁；莫札特的作品K265樂譜及帕森斯代碼 *Arik Kershenbaum*

第 83 頁；五隻海豚的識別哨音 *Arik Kershenbaum*

第 89 頁；兩張作者與狐獴合影 *Arik Kershenbaum*

第 104 頁；四張海豚參與聲音實驗的照片 *All Departamento de audiovisuales de Loro Parque*

第三章　鸚鵡

第 108 頁；鸚鵡；私人蒐藏

第 122 頁；籠子裡的非洲灰鸚鵡 *Arik Kershenbaum*

第 124 頁；鸚鵡嘎嘎叫和哨音的頻譜圖 *Arik Kershenbaum*

第 125 頁；非洲鸚鵡叫聲的頻譜圖 *Arik Kershenbaum*

第 127 頁；非洲灰鸚鵡的哨音 *Arik Kershenbaum*

第 131 頁；「榜樣／對手」訓練 *William Muñoz*

第 136 頁；和尚鸚鵡的多戶公寓 *Wikipedia*

第 138 頁；和尚鸚鵡叫聲的頻譜圖 *Arik Kershenbaum*

第四章　蹄兔

第 143 頁；蹄兔 *Arik Kershenbaum*

第 144 頁；一對蹄兔 *Arik Kershenbaum*

第 144 頁；蹄兔足部 *Arik Kershenbaum*

第 144 頁；蹄兔牙 *Arik Kershenbaum*

第 152 頁；五種蹄兔發出的音符頻譜圖 *Arik Kershenbaum*

第 153 頁；兩種蹄兔歌曲的音符組成 *Arik Kershenbaum*

第 158 頁；遭到蹄兔群聚圍攻 *Arik Kershenbaum*

第 166 頁；空拍蹄兔棲息的地點 *Arik Kershenbaum*

第166頁；蹄兔生活的峽谷*Arik Kershenbaum*

第五章　長臂猿

第 173 頁；長臂猿；私人蒐藏

第 174 頁；東部黑冠長臂猿 *Wikipedia*

第 176 頁；叢林俯瞰景色 *Arik Kershenbaum*

第 179 頁；白掌長臂猿二重唱頻譜圖 *Arik Kershenbaum*

第 183 頁；猿類家族演化樹狀圖 *Arik Kershenbaum*

第 185 頁；白掌長臂猿發出的二十七種聲音；私人蒐藏

第 188 頁；蹄兔句法分析圖 *Arik Kershenbaum*

第 188 頁；白長長臂猿句法分析圖 *Angela Dassow*

第 197 頁；四種音樂轉換方式 *Arik Kershenbaum*

第 200 頁；白掌長臂猿針對豹、蛇、老虎發出聲音的轉換方式 *All Angela Dassow*

第六章　黑猩猩

第 210 頁；黑猩猩；私人蒐藏

第 216 頁；黑猩猩喘氣聲頻譜圖 *Arik Kershenbaum*

第 219 頁；黑猩猩吠叫聲頻譜圖 *Arik Kershenbaum*

第 223 頁；黑猩猩吠叫聲示意圖 *Arik Kershenbaum*

第 230 頁；符號字 *Von Glasersfeld, E.*

第七章　人類

第 242 頁；人類

第 245 頁；在叢林中用餐 *Arik Kershenbaum*

第 245 頁；在叢林中使用研究設備 *Arik Kershenbaum*

第 245 頁；在叢林中說明設備的使用方式 *Arik Kershenbaum*

第 248 頁；語言概念圖表 *Arik Kershenbaum*

第 250 頁；瑤族採蜜人 *Claire Spottiswoode*

第 255 頁；狼與狗參與「合作解決問題」的實驗 *Both Marshall-Pescini, S., Basin, C., & Range, F.*

第 271 頁；作者對狗兒提出「Would you like some cheese?」問題的頻譜圖 *Arik Kershenbaum*

結論

第 278 頁；人與鸚鵡的漫畫 *Hugh Lofting*